BOOK DESIGN 创新

陆苇 唐勇 袁观 著

上海文化出版社

作者简介

陆苇，生于 1941 年，1964 年毕业于清华大学美术学院（原中央工艺美院五年制本科）。曾担任 14 年设计工作，后担任大学教师工作直至退休，职称教授。在教学方面曾负责设计基础课和专业设计课的教学工作，如三大构成、书籍艺术设计、编排、字体等十多门课程。在国内外发表学术论文 30 篇，举办过个人艺术展览，多次出席国内外学术研讨会宣读论文。出版有《平面构成与设计》《色彩构成与设计》《立体构成与设计》等专著。

唐勇，出生于 1980 年，2002 年毕业于景德镇陶瓷大学（原景德镇陶瓷学院）艺术设计专业，2005 年硕士毕业于同校同专业。现为江西服装学院艺术设计学院教师。2009 年之前任职于中国艺术研究院艺术创作中心，并兼任北京邮电大学世纪学院教学工作，之后受聘担任中国传媒大学南广学院艺术设计专业教师。作为双肩挑的教学人才，不但陶艺作品多次入选国内外陶艺展览，还精于平面设计，多次受邀完成国内外文化交流活动的书籍设计任务。

袁观，生于 1974 年，1996 年毕业于南京师范大学美术学院。其原创的作品均是心象的刻绘。她在对《圣经》感悟中把神的大爱转化为人类的爱和欢乐，善于从民族的传统文化、民间艺术、世界现代艺术中汲取营养，进行跨界的大胆突破，创造了系列剪纸艺术作品和彩墨绘画。近年来多次参加国内外各类展览，并有多幅作品获奖。

序

书籍艺术设计师除了从原著获取文化基因之外，其个体所处特定的文化背景，以及个人的专业水平、文化修养、兴趣爱好、方向决心也是其事业发展的必要条件。文化的多样性造成了艺术的差异，书籍艺术设计与文化相融至无法切割的程度，文化进化后，即发展着审美的理念。

书籍艺术设计以显著的固定形式反映出原著的文化内涵，使书籍成为合理而又具有审美价值的文化载体。书籍还受到保护，成为传递文明的媒介。对原著进行二度创造，以绝妙的艺术形式从视觉上传递着书的信息知识。

书籍艺术设计从原著的文化特征及相关事物中汲取设计元素，经艺术转换构筑了书籍的立体形态，在人为互动过程中其空间已达四维。读者因书籍艺术设计而获得了精神的归宿，体验到民族风格与国际现代特点。

创新书籍的互动设计，以新的视角突破了平面设计维度，强调感官参与的动态要求，根据创意安排互动的不同层次。在读者翻阅过程中安排空间变幻的设计元素，打开了公开的感官通道，产生一种全新的心理体验。

凭着有形世界与无形世界相互转换的书卷文化体验，在精神探索的顶峰尽享其深邃与博大。

康德认为："美不外乎两种，即自由美和依存美，而后者有对象的合目的性。"是指只有当对象吻合它的目的才可能成为完美。书籍艺术设计必须遵循实用原则与审美法则相和谐的艺术创造规律。

陆苇

2022年3月5日

目录

第五章 书籍形态的创新

第六章 民族风格的探索与融合

第一章　书籍艺术设计概述

一、书籍艺术设计的概念

1. Book Design 的解密

Book Design 即是全部构成书籍内外形式及形态要素的总和。它是一个书籍整体艺术设计的系统，书籍本身与艺术设计共生，相互依存。书籍艺术设计（Book Design）即为原著者完成原稿，书籍面世之前，设计师为读者创造出美的书籍形态，在设计系统的优化框架下，对于出版前整体书的各种要素，进行艺术的整合。该设计系统应包括：开本、字体、版面、插图、封面、护封、出版标志、藏书票、书籍宣传、纸张、印刷、装订、材料。

Book Design 即是指书籍的整体设计而言，由计划、设计、构成去实现。其设计的结构层面是：策划创意、构思路径、艺术手法，直到完稿。

Book Design 从属于书籍，设计过程中可以自由调度各种门类的艺术，并融入人文、科学的学科内涵。它对于阅读审美，书籍艺术设计还具有独立性、综合性、书籍立体成型的特性。

2. Book Design 的特征

（1）事前筹划

书籍艺术设计为了创造书籍的形态而进行事前的筹备、计划、设想构成的秩序、艺术的表现方式之系列的设计活动。

（2）设计方案

书籍艺术设计师完成的是“方案”，需通过工艺生产完善整个书籍的形态构成。

（3）调度发挥

书籍艺术设计师根据原著的性质，可以自由选择、借用他人的艺术作品，可以是绘画、雕塑、摄影、书法、篆刻、图案、图表、数据、文章、电脑图绘等作为视觉传递的艺术要素，皆可在原作上进行符合书籍艺术要求的二度创作，即发挥了设计师的艺术眼光和艺术表现的才华。

（4）工艺制约

①工艺限制

书籍艺术设计师的创造性受到书籍制作过程中工艺生产的制约，其工艺生产的造价直接关系到生产成本，为了节约经济成本就得简化工艺流程，如限制色彩套数、简化工艺制作等。因限制性而产生了相应的艺术形式特点。

②原著限制

书籍艺术设计师直接被原著限制了构思、立意的方向和范围。

（5）形态特点

当书籍艺术设计通过工艺流程，彻底完成了书籍的成型，它应当是立体的，而且一般是六面体的形态。

3. Book Design 构思解析

书籍艺术设计师对原著深刻理解基础上，进行二度创造的思维活动，贴近原著选择、提炼，以主题为中心，考虑及与物的发展而布陈、设置，积极研究。寻找最为适合的艺术表现形式，其过程是反复调整各种构思，选出正稿，确定优化的可行方案，方能达到设计的完善。

4. 书籍艺术设计的任务

（1）文化的载体

书籍艺术设计以显明的固定形式反映了原著的文化内涵，并使其成为原著内容的合理而又具有审美价值的文化载体。

（2）传承的媒介

书籍艺术设计使书籍获得保护，并成为人类文明薪火相传的媒介。

（3）视觉的传递

书籍艺术设计对原著进行二度创造，以相应的艺术表现形式，从视觉上传递原书的内容。

（4）精神的归宿

书籍艺术设计使读者获得了精神的归宿，人与书产生了互动。它具有强大的精神功能及作为载体的物质功能。

（5）民族的风格

现代的书籍艺术设计应有现代特点和民族风格，并能去适应各种年龄、不同职业、不同文化程度、不同民族的习尚及审美需求。

二、中外书籍艺术设计梗概

1. 古代中国书籍艺术设计的产生与发展简述

（1）甲骨、金石时期

①甲骨文 —— 商周时期刻在龟甲和牛羊肩胛骨上的文字（象形文字、甲骨文），殷墟发掘，出土大量卜辞，穿孔成册，著名的书籍艺术设计家邱陵教授就说：“甲骨刻辞应该是我们最早的书。”（图 1-1）

②钟鼎文 —— 商周、春秋战国时期，铸刻在青铜器、鼎、彝器上的“铭文”（即金文），钟鼎文亦是历史上一种书的形态。（图 1-2）

③石刻文 —— 周代刻着大篆的石鼓文，这种刻在鼓形石头上的叫“石鼓文”，刻在方形石碑上的称为“碑文”；刻在上大下小的不规则的石头上称之为“碣”，刻在石板上的称为“经板”，刻在山崖上的则称为“摩崖石刻”。（图 1-3）

图 1-1 甲骨文

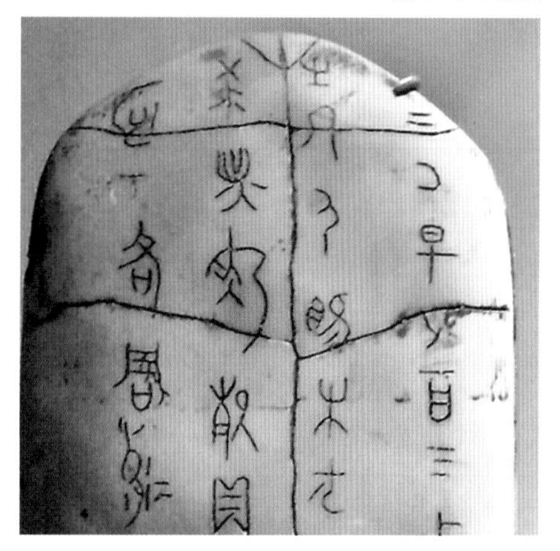

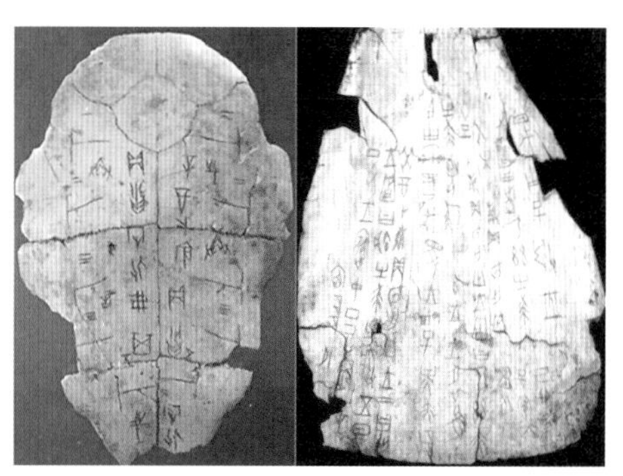

图 1-2 钟鼎文

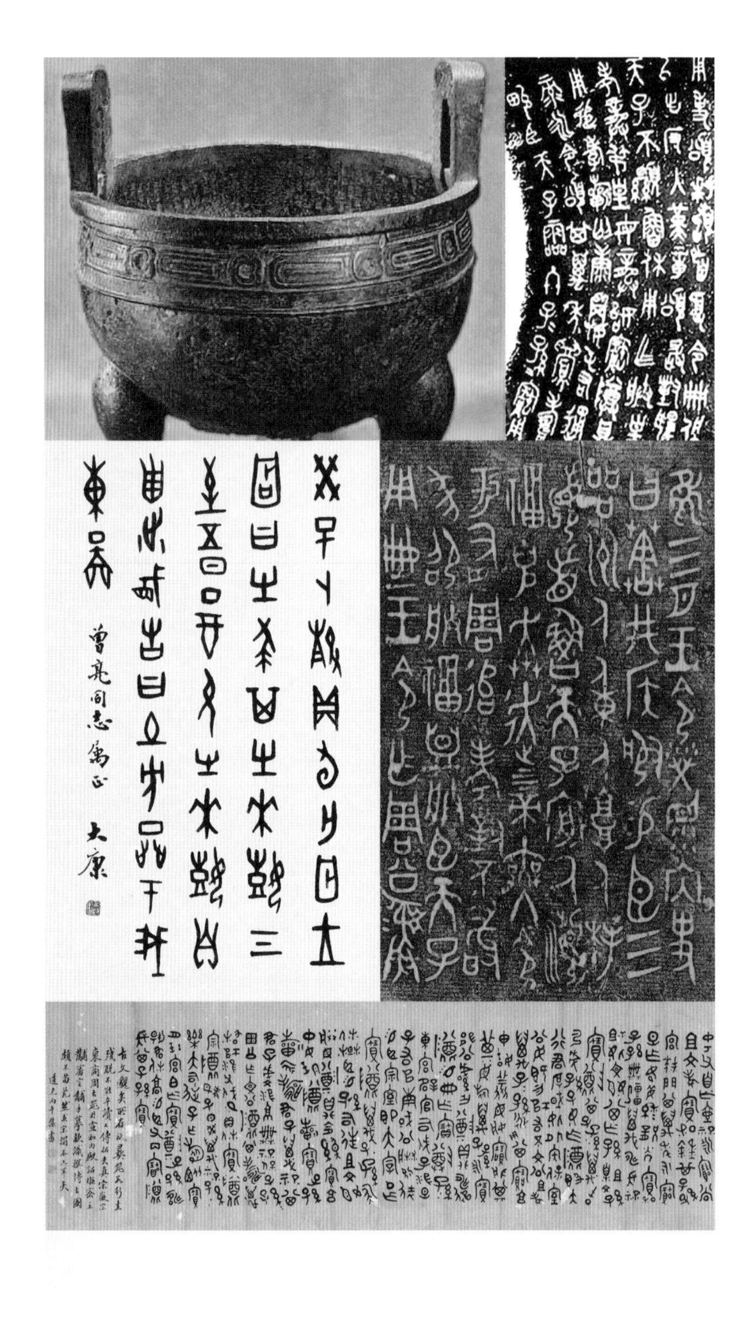

图 1-3 石刻文

（2）卷装时期

①简策装 —— 以竹木片削平炙干，称简片，成为书写的材料，穿孔后以牛皮条编结成册。竹简又被称之为汗青，卷捆放置简策。（图 1-4）

②帛书 —— 周代以缣帛（密织的绢）制作成卷装的书。是将手书绢一页页粘接，加上轴条，即为缣帛卷装书，亦称为帛书。（图 1-5）

③卷轴装 —— 纸书和帛书的卷轴形态是相同的，即将书写了的纸张黏接起来，在起始之端黏上厚纸或是绫绢作包头（称“褾”），中间用竹或木作轴，以利舒卷，“褾”上置丝带可用以将书卷捆绑牢固。（图 1-6）

图 1-4 简策装

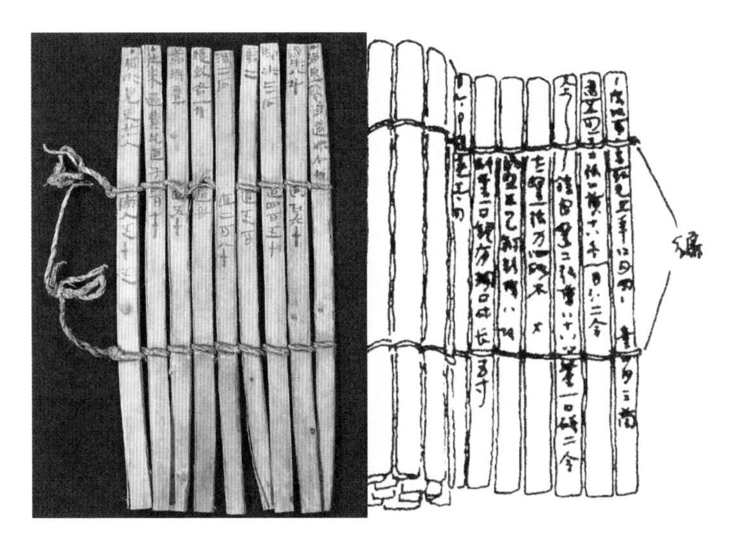

图 1-5 帛书

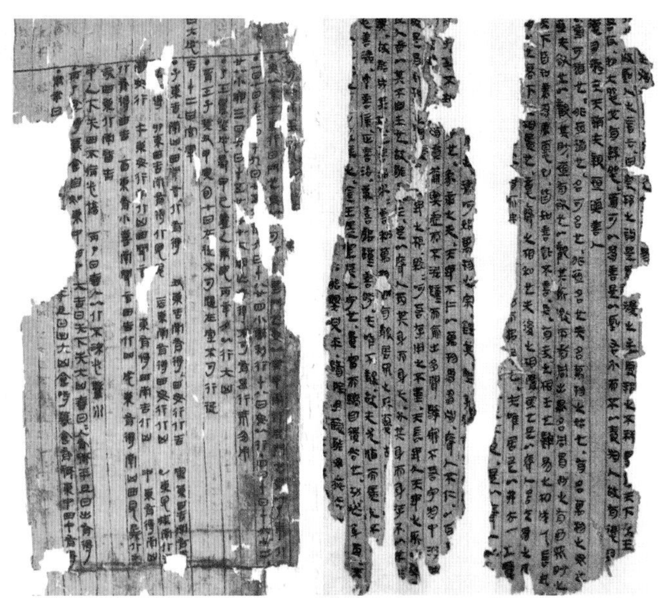

图 1-6 卷轴装

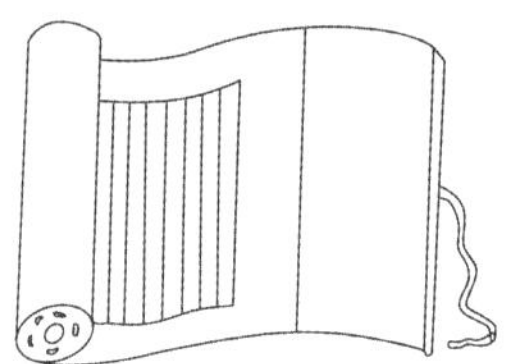

④旋风装 —— 唐代中期的一种书籍形态，是将写好的书页顺页逐渐相错、相迭贴在一张比书页宽许的长方形厚纸，是从右至左相错，收书时呈卷状，从卷轴装直接演变而成，一旦打开书面会迎风飞动，故谓之旋风装。（图 1-7）

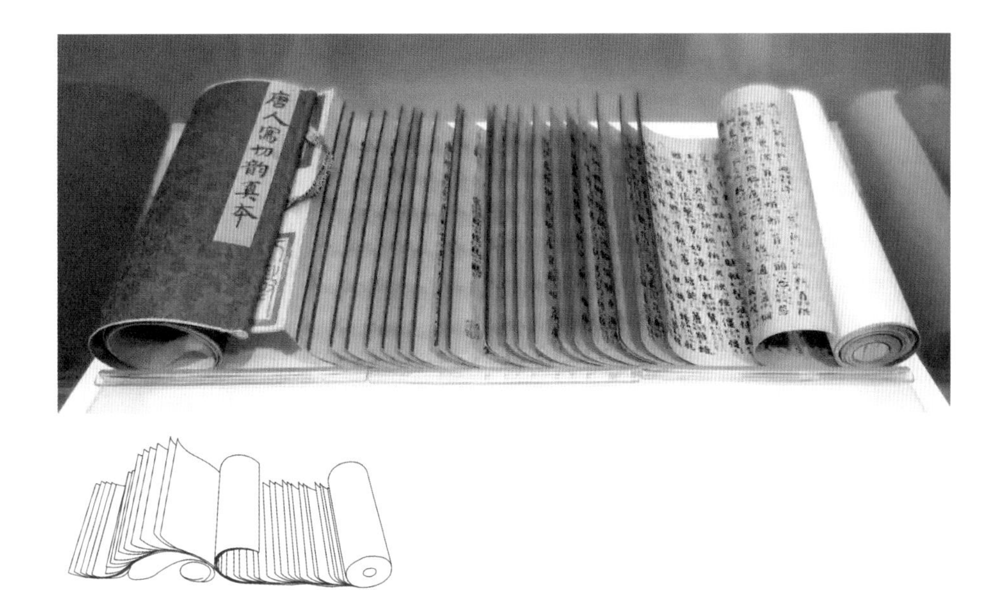

图 1-7 旋风装

（3）折叠装时期

①经折装 —— 唐或五代开始至今一直使用经折装形态。是将卷轴装折叠成册页的趋向，既是将卷轴的一页正反折叠而成。经折又称之为“册页”。一般用宣纸或绢制成“册页”以供书画之用。（图 1-8）

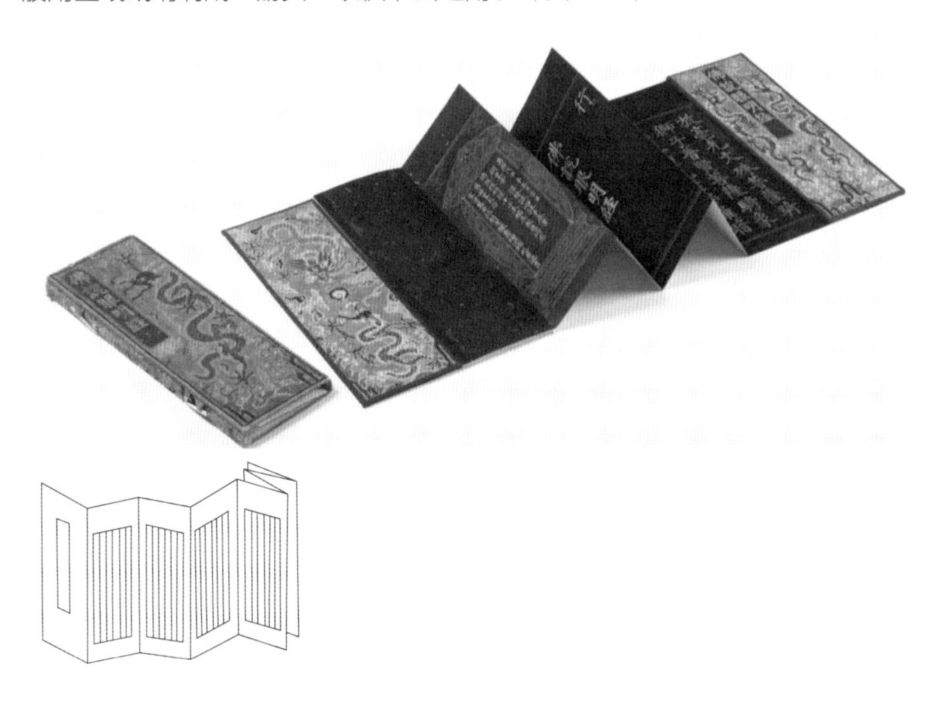

图 1-8 经折装

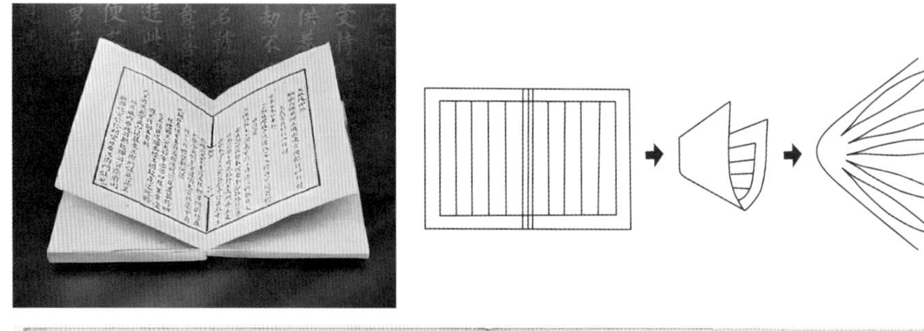

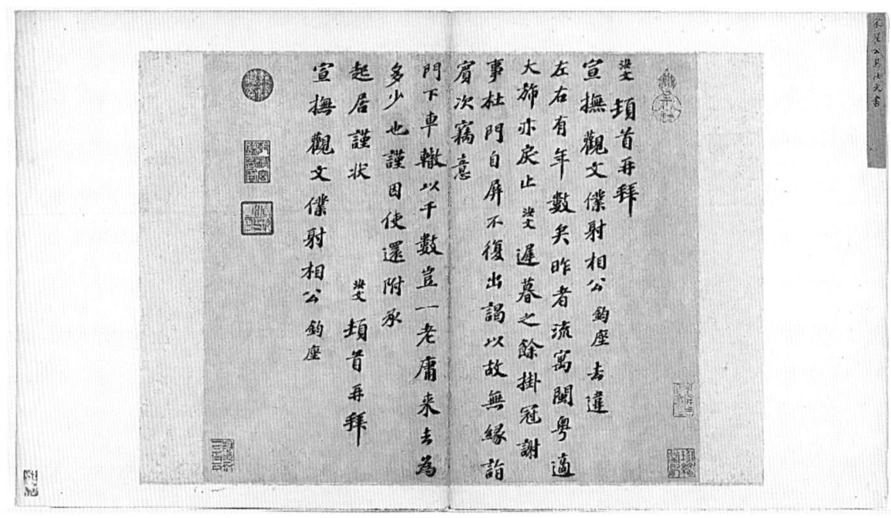

[illegible]頓首再拜
宣撫觀文僕射相公鈞座 去違
左右有年數矣昨者流寓閩粵適
大旆亦戾止 [illegible]遲暮之餘掛冠謝
事杜門自屏不復出謁以故無緣詣
賓次竊意
門下車轍以千數豈一老庸來去為
多少也謹因使還附承
起居謹狀 [illegible]頓首再拜
宣撫觀文僕射相公鈞座

图 1-9 蝴蝶装

②蝴蝶装 —— 宋版书大多用蝴蝶装。清代叶德辉的《书林清话》中所述："蝴蝶者不用线订，但以糊粘书背，夹以坚硬护面，以版心向内，单口向外，揭之若蝴蝶翼。"蝴蝶装这类书籍形态显然经折装演变而来，只是将侧经折处黏牢，将另一侧缝裁开，再将裁开的两页裱糊成一页，再用选择的硬挺纸材经裱糊纺织品作为书封面。地图册即是典型的蝴蝶装形态。（图 1-9）

③包背装 —— 包背装一说始于南宋，另一说始于元盛于明，直到清代仍为流行。包背装书页折法与蝴蝶装相反，将文字页面折向外面，将裁开的一边作书脊，打眼在脊侧，以棉纸捻穿孔钉牢，以双层纸为其形态特点。（图 1-10）

④线装书 —— 明末清初，线装书的盛行，以包背书的书页折法，以棉纸捻固定孔眼，安排面和底的书封皮，后用丝线订缝，以四眼装订为主，也有六眼和八眼装订。现代一般仿古书籍取线装书形态。线装书因为纸质较软，为便于保护和使用，就制作书的函套、书匣、夹板、纸盒。（图 1-11）

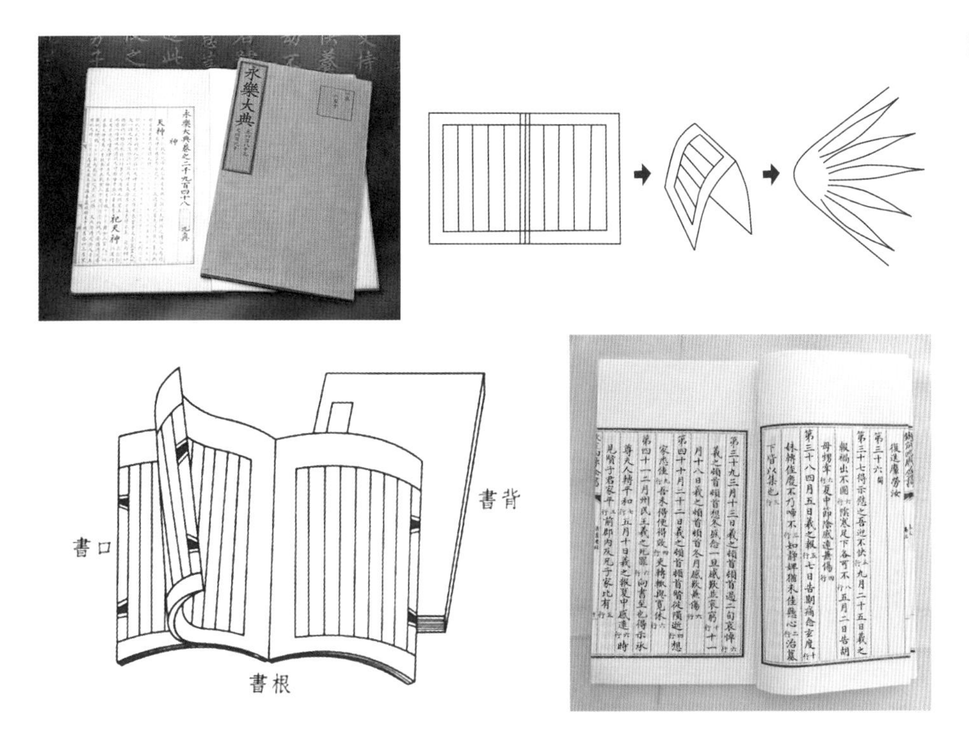

图 1-10 包背装

图 1-11 线装书

图 1-12 平装书

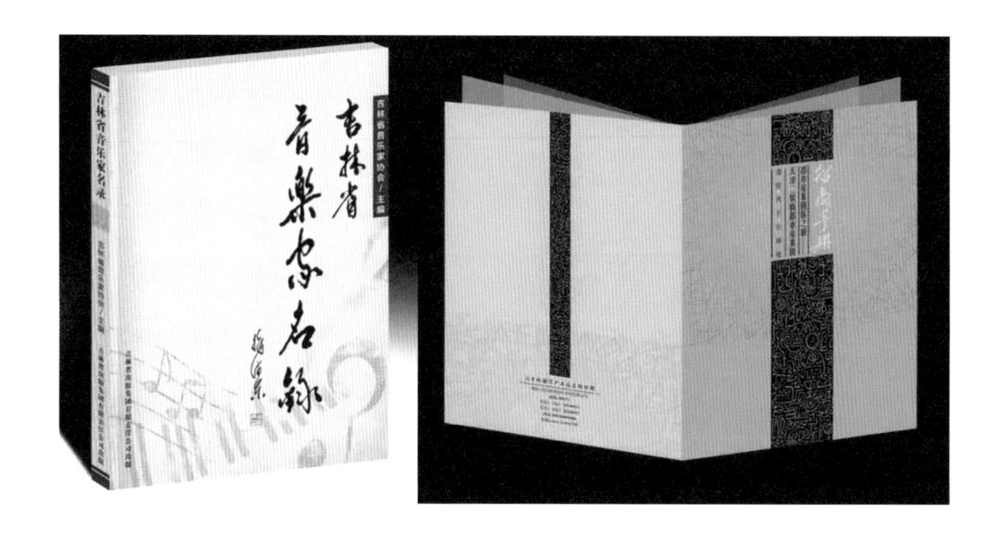

图 1-13 半精装式

（4）平装、精装时期

清代嘉庆年间，西方铅字印刷传入我国，光绪年间又传入石版印刷，单页纸的双面印刷，出现了平装本、半精装、精装、袖珍本、豪华本、合订本等书籍的新形态。

①平装书 —— 现代书籍艺术设计的一种通常形态，没有封面硬衬，用平订、骑订、锁线订、无线装订，开本则有多种。（图 1-12）

②半精装书 —— 在平装书的正封和底封衬的硬纸，使书的封面硬挺，即为半精装式。（图 1-13）

③精装书 —— 书封面不仅衬以硬纸，还用各种材料（如丝绒、锦、漆布、麻布、棉布）加上烫金丝印网印压槽等工艺制作出书皮，加上书的封套，成为精装或豪华本的形态。（图 1-14）

④活页装 —— 三种活页装：一是活页文选式；二是线孔穿紧打结式；三是螺旋穿孔连成式。（图 1-15）

图 1-14 精装书

图 1-15 活页装

2. 近、现代中国书籍艺术设计

（1）五四时期的北京地区

鲁迅开拓了我国现代书籍艺术设计，并积极倡导开展书籍艺术设计活动。他吸收了 19 世纪英国工艺美术运动先行者威廉 · 莫里斯和德国奥托 · 瓦格纳的影响。

①纸材和工艺的优化 —— 由于木浆制白报纸供应量大增，无光而厚实的白报纸可作双面印刷，西式装订等现代工艺的变革，使北京地区的书籍艺术设计在鲁迅的大力培植下，出版物当时在全国范围内较为领先。

②第一代优秀的书籍艺术设计家 —— 鲁迅、陶元庆、陈之佛、孙福熙、丰子恺、钱君匋、曹辛之、司徒乔、郑川谷、张光宇、张正宇、庞薰琹等是我国第一代优秀的书籍艺术设计家。如鲁迅为自己写的《坟》《呐喊》做了精彩的设计。陶元庆为鲁迅的《彷徨》及其他新文学作家的书籍做了艺术设计。

（2）上海地区

①突破大书店的成规 —— 上海的创造社、太阳社、光华书局等出版社突破了商务印书馆和中华书局的书籍艺术设计之成规。如歌德著，郭沫若翻译的《少年维特之烦恼》出版的形态有了新面貌。

②第一次国内革命战争之后 —— 由叶圣陶、夏丏尊主持的上海开明书店，其出版物的艺术设计十分新颖、活泼、大气，由丰子恺、钱君匋、莫志恒担任艺术设计。如丰子恺翻译了《西洋画派十二讲》《西洋名画巡礼》《十大音乐家》，并为之作了艺术设计。茅盾著的《蚀》《虹》也被设计得十分精美。

③ 1927 年 —— 陈之佛为茅盾担任代行主编的《小说月报》设计了 12 幅封面，仅用了 3—4 套色，促使商务印书馆的艺术设计水平也随之提高。随后，叶圣陶主编的《妇女杂志》也以新颖的设计转换了全新的形态。

图 1-16《生活》

（3）“九 · 一八”以后

1932 年“一 · 二八”事件，日本侵略上海，十九路军奋勇抗日。同年秋，胡愈之任商务印书馆发行的《东方杂志》之主编，莫志恒的艺术设计为杂志增色不少。

①郑川谷的新型设计

全国掀起救亡运动的高潮，由邹韬奋主编的《生活周刊》和《大众生活》被迫停办。杜重远创办《生活》，郑川谷同时负责生活书店和上海杂志公司艺术设计工作，其新颖、活泼、大方的设计受到业界和读者的喜爱。（图 1-16）

②莫志恒的继续

郑川谷于 1936 年赴日留学，莫志恒接任生活书店装帧设计师后，在鲁迅先生的策划下，为生活书店完成了一系列优秀的书籍艺术设计，如《引玉集》（苏联版画家作品选集）的精装版；《海上述林》（瞿秋白译著，鲁迅编）以深蓝丝绒精装熨金字，十分高档；《凯绥 · 珂勒惠支版画选集》《木刻纪程》采取民族传统的线装（鲁迅自备针、线、锥子一类的装订工具）；《资本论》（王亚南、郭大力译）以青灰布面精装，书封配上写着“资本论”的红色腰封，醒目而别致。（图 1-17）

图 1-17 木刻纪程

图 1-18
凯绥・珂勒惠支的作品

③上海良友图书公司

设计风格偏于浓艳的良友图书公司，出版了一系列文艺书，如《中国新文学大系》《苏联版画集》以缎面精装，设计豪华浓妆，金碧辉煌；《珂勒惠支版画选集》四本套，设计优秀，以黑色书名和珂勒惠支的版画布陈于 50 开本的书封上，显得精巧，颇具书卷气息。（图 1-18）

图 1-19《约翰·克利斯朵夫》

图 1-20《城与年》

（4）1937 年之后

①各沿海出版社内迁时遵循以朴素、大方、节俭、迅速的原则，大量编印出版抗日小丛书，艺术设计因处在抗日的困难时期而无法讲究。武汉和广州的照相制版，只能用日光摄影制版。如《联共党史简明教程》（博古译）用简陋的单色印刷。

②同期上海骆驼书店的出版物《城与年》（费定著，曹靖华译）、《约翰·克利斯朵夫》（罗曼· 罗兰著，傅雷译）、《静静的顿河》（肖洛霍夫著，金人译），设计得精美大方。万叶书店出版的《子恺漫画选》，开明书店出版的《鲁迅全集》《抗战八年木刻选》，以及《二次世界大战后世界政治参考地图》(金仲华编，世界知识出版社)，《苏联木刻》（天下书店出版）这类书的艺术设计十分认真严肃。（图 1-19、图 1-20）

（5）解放以后

1949 年中华人民共和国成立以后，随着省级、市级出版社的建立，印刷出版的大发展，书籍艺术设计产业也得到充分的发展。

①第二代书籍艺术设计家出现 —— 他们有的进行了深刻的理论研究，成果丰厚；有的设计作品获得莱比锡国际奖；有的作为设计教育工作者，培养了一大批优秀的书籍艺术设计家。

②改革开放的新形势下第三代书籍艺术设计家的出现。我国书籍艺术设计水平有了更好的发展前景，作为视觉艺术传达的书籍艺术设计确立了 Book Design 之概念，无论是传统书籍，还是概念书籍均能在设计水准上与国际接轨，与世界在共同的平台上对话。连在校的学生也获得了斯洛文尼亚主办的书籍艺术设计国际比赛二等奖。加之计算机的应用，我国的书籍艺术设计实践和理论探索均得以优化和完善。

3. 外国书籍与书籍艺术设计的产生及发展

（1）外国的古代书籍

①古埃及在公元前 2000 年左右，将象形文字镌刻在石质的方尖碑上。（图 1-21）

②古巴比伦（前 1792—前 1750 年）将汉谟拉比法典刻上石柱。（图 1-22）

图 1-21 古埃及方尖碑

图 1-22
古巴比伦汉谟拉比法典柱

③幼发拉底河与底格里斯河发源于亚美尼亚高原，约公元前 3400 年苏美尔人创造出苏美尔文明，楔形文字最具有文明特征。苏美尔人用削成三角形的芦苇秆、骨棒、木棒做笔，在潮湿的泥板上刻写，字形自然呈楔状，并编有序号，烧成泥板，刻下书名，晾干后烧制成泥板文书。

苏美尔人创造的楔形文字是世界上最古老的文字，是由图画文字发展成为苏美语的表意文字，成为中东的通用文字，是阿卡德人、古巴比伦人、亚述人、赫梯人、波斯人所共识的文字。（图 1-23）

图 1-23 苏美尔人的楔形文字泥板书

④中世纪以动物纸书代替埃及的莎草纸广泛使用，公元 3 世纪，欧洲人将羊皮纸染成紫色，上面的文字则用金色或银色书写，较为华贵。凯尔特文化与基督教手抄文化相融，被称为“凯尔特书籍风格”。

凯尔特手抄本富有装饰感，色彩绚丽，装饰性强，首写字母大而华贵。（图 1-24）

⑤卡洛林时代，查理曼大帝努力统一书籍字体、版面，使之标准化。以简单的线描代替写实风格插图，用金色代替背景画，显得金碧辉煌。（图 1-25）

⑥ 14 世纪后，在中国造纸工匠的帮助下撒马尔罕成为阿拉伯人造纸的中心，影响了欧洲及中东地区。

⑦ 15 世纪由于经济、文化的发展，社会需求大量书籍。1439 年德国人约翰 · 古腾堡实验成功凸版印刷，并成功运用了金属活字，加上木刻插图，纽

图 1-24《凯尔经》

图 1-25
卡洛林时期书与插图

伦堡成为欧洲印刷工业中心。

这一时期，伯里奈 · 丢勒是最出色的版画家。丢勒为《启示录》作了 15 幅木刻插图是杰出之作。其插画设计受到意大利文艺复兴的影响。（图 1-26）

图 1-26 丢勒为《启示录》作木刻插图

⑧意大利文艺复兴时期，威尼斯是印刷设计和平面设计的中心，法国铸币师、印刷商尼古拉 · 詹森将刻币技术引入活字设计与刻造。威尼斯及意大利其他地方出版的书籍《欧几里德几何元素》《the Ars Morindi》等，在文字间

装饰图案，四周采用花边装饰，极为丰富典雅。1501 年，玛努提斯首创袖珍尺寸，开创了“口袋书”的先河。（图 1–27）

⑨文艺复兴时期法国的杰出书籍设计家乔佛雷 · 托利、罗伯特 · 艾斯坦纳、西蒙 · 德 · 科林设计风格典雅华贵；克劳德 · 加拉蒙的加拉蒙字体典雅秀丽，影响广泛，出版物也广泛使用哥特体字。（图 1–28、图 1–29）

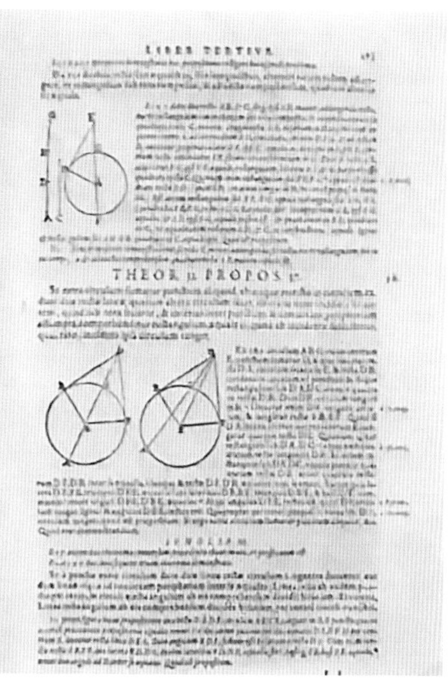

图 1–27
《欧几里德几何元素》

Garamond
Aa Qq Rr
Aa Qq Rr
TRIANON
abcdefghijklm
nopqrstuvwxyz
0123456789

A B C D E F
G H I K L M
N O P Q R S
T U V W X Y
Z abcdefghijk
lmnopqrstuv
wxyz :: letter

左图 1–28 加拉蒙体
右图 1–29 哥特体

⑩小汉斯·荷尔拜因在巴塞尔为书籍《死亡之舞》作41幅精美插图，是版画史上的不朽之作。安德列亚斯·维萨留斯的巨作《人体结构》图文并茂、插图精美，是出版登峰造极之作。（图1-30）

⑪ 16世纪欧洲，英国大文豪威廉·莎士比亚和西班牙戏剧作家和诗人米格尔·塞万提斯的书籍著作水平达到高峰，但书籍设计水平平庸。（图1-31）

图1-30
《死亡之舞》插图

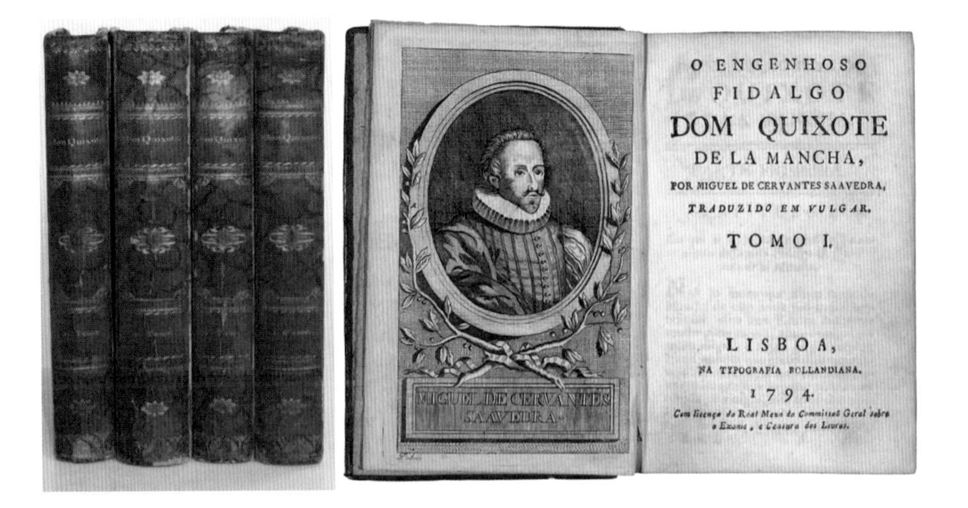

O ENGENHOSO
FIDALGO
DOM QUIXOTE
DE LA MANCHA,
POR MIGUEL DE CERVANTES SAAVEDRA,
TRADUZIDO EM VULGAR.
TOMO I.

LISBOA,
NA TYPOGRAFIA ROLLANDIANA.
1794.
Com licença da Real Meza da Commissaõ Geral sobre o Exame, e Censura dos Livros.

图1-31
米格尔·塞万提斯的著作

⑫巴洛克时期

代表作家及作品：佩特罗·卡尔德隆，西班牙作家、诗人、戏剧家，是西班牙文学黄金时期重要人物，代表作品为剧作《人生如梦》和德国小说家格里美豪森的《痴儿西木传》等书籍艺术设计呈现出豪华、庄严、高贵、气派、幻想式的美学风格，它打破了文艺复兴时的严肃、含蓄和均衡，体现出古典的文化艺术精华。（图 1-32、图 1-33、图 1-34）

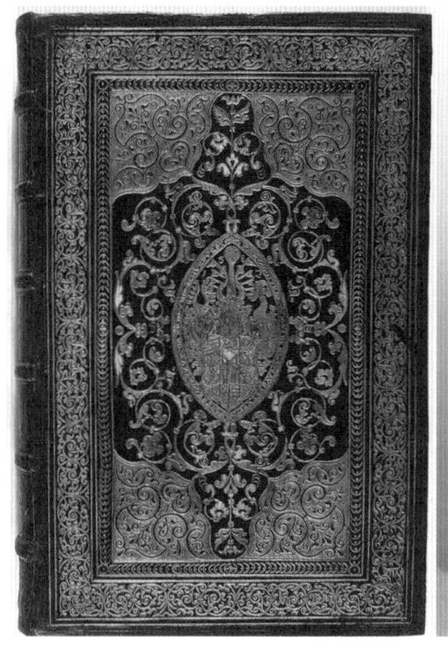

图 1-32 巴洛克时期的书

图 1-33 佩特罗·卡尔德隆

图 1-33《人生如梦》

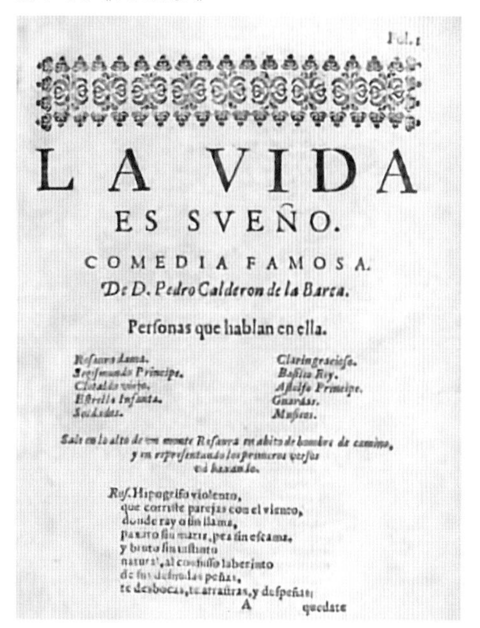
Fol. 1

LA VIDA
ES SVEÑO.
COMEDIA FAMOSA.
De D. Pedro Calderon de la Barca.

Perſonas que hablan en ella.

[illegible]

Rof. Hipogrifo violento,
que corriste parejas con el viento,
donde ray o sin llama,
[illegible]
y bruto sin instinto
natural, al confuso laberinto
de [illegible] peñas,
te desbocas, te arrastras, y despeñas;
A quedate

图 1-34《痴儿西木传》

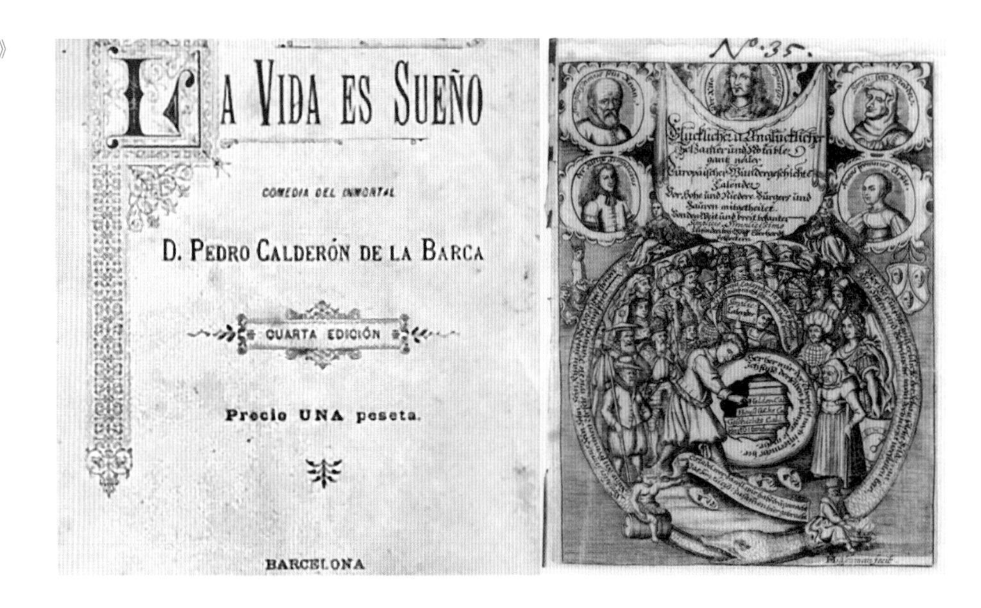

⑬罗可可时期

庄重奢华的巴洛克风格之后，产生了具有典雅、华丽、精致、细腻、繁琐、阴柔特征的罗可可风格，在构图上有意强调不对称、善用曲线。色彩娇艳明快多为粉红、粉绿、粉蓝及大量的金色和象牙白色。书籍艺术设计除具有以上特点，还将字体设计成花俏的花体字，应用于书封和扉页。

罗可可时期的书籍艺术设计极为温雅细腻、奢华而娇柔。书籍的封面和扉页上饰满了金、银的涡线，围绕着文字，显得轻快、精致、细腻、繁复、甜蜜、温婉。代表作如伏尔泰的《小大人》、勒萨的《吉尔布拉斯》。（图 1-35）

图 1-35
罗可可时期的书与插图

⑭维多利亚之前

18 世纪英国受到荷兰印刷设计之影响，设计师威廉 · 卡斯隆创造了“卡斯隆体”字体，稳健而典雅。约翰 · 巴斯克维尔创造了介于古典罗马字体与现代字体间的卡斯隆体。对世界插图影响巨大的威廉 · 布莱克的插图作品在书籍设计史上占有重要地位。（图 1-36）

1859 年英国人爱德华 · 费茨杰吉拉德将 12 世纪波斯诗人欧玛尔 · 海亚姆的《鲁拜集》译成英文，此后不断添修而名声大噪，各种版本纷纷出笼。（图 1-37）

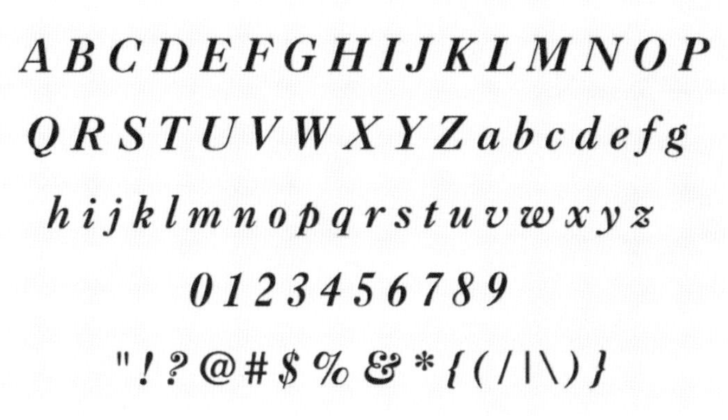

ABCDEFGHIJKLMNOP
QRSTUVWXYZabcdefg
hijklmnopqrstuvwxyz
0123456789
"!?@#$%&*{(/|\)}

图 1-36 卡斯隆体

RUBAIYAT
OF
OMAR KHAYYAM
DRAWINGS BY
ELIHU VEDDER

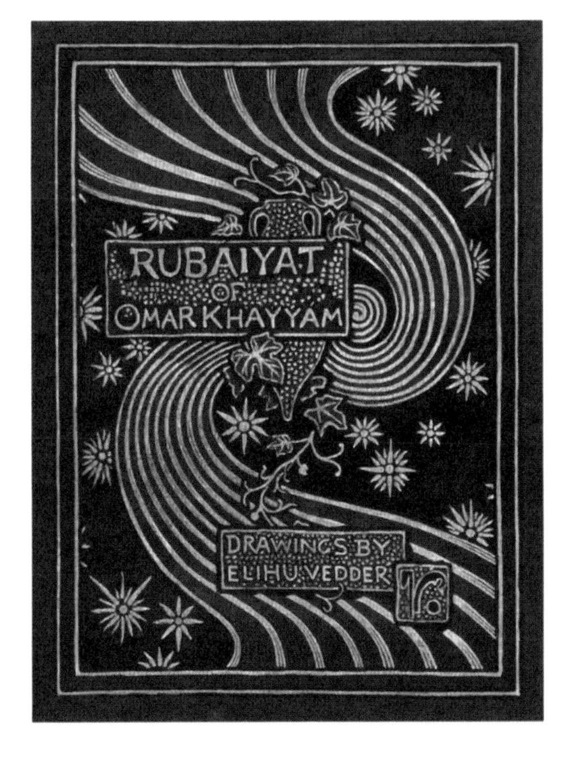

图 1-37 伊莱休 · 维德设计的《鲁拜集》封面

英国学者证实，在苏格兰发现《第一对开本》的原版莎士比亚著作：第一本开本内页、左页是 1623 年原版书《空相思》，右页是《仲夏夜之梦》。珍贵的原版书引来众多学者的垂青。《第一对开本》则是现代学者为莎士比亚剧本全集的命名，莎士比亚于 1616 年逝世，友人收集其 36 部作品，其中有《仲夏夜之梦》《罗密欧与朱丽叶》。（图 1-38）

图 1-38 英国牛津大学学者证实发现极为珍贵的莎士比亚《第一对开本》1623 年原版书籍

威廉 · 布莱克的书籍插图作品《经验之歌》《天堂与地狱的婚礼》皆为诗画合璧，自制套色印刷，自创在铜板上“凸版蚀刻”的方法，精于在模板后以锤击压出花的细工。为《圣经》、但丁的《神曲》、诗人维吉尔的《牧歌集》、弥尔顿的《失乐园》作过许多插图，创作了水彩、版画，画风奇特得令人震惊。由于崇敬米开朗基罗，故其人物画轮廓线异常鲜明。（图 1-39、图 1-40）

图 1-39 威廉 · 布莱克的插图

图 1-40 《天堂与地狱的婚礼》插图

威廉 · 布莱克为《天堂与地狱的婚礼》一书的封面、扉页作了精美的艺术设计，还为 1821 年原版的《美国预言》《欧洲预言》创作了令人赞赏的插图。

⑮维多利亚时期

维多利亚风格具有不拘一格的兼容性，吸纳各历史阶段特色，并衍生为饱满而壮观的母体，它采撷了罗可可的漩涡形、哥特式的尖塔状、文艺复兴时的枝蔓形等，动物、花卉纹呈自然形态。

维多利亚设计风格虽然其礼品书、童话书有奢华倾向，但在插绘儿童图书领域达到了极高水平。沃尔特 · 克莱因、伦道夫 · 卡特科特、凯特 · 格林纳威设计的书籍插图具有浪漫情趣，版面十分灵活，留有大量使人遐想的空间。该时期的书籍设计极为精致、细腻，成为供少数人享用的阳春白雪。（图 1-41）

图 1-41 维多利亚风格

维多利亚时期书籍设计风格由于对中世纪哥特风的推崇，使图书的艺术风格讲究精美。大量儿童出版物的需求，促进了儿童书籍的设计，文本、插图、印刷、版面的设计都满足了儿童的喜爱，出版了许多杰出的儿童书籍。

古代书籍，具有相当多的书写之量，没有连缀，对于载体的形式追求具有艺术设计最初的意义。

（2）外国书籍艺术设计之发展与革新

①英国的工艺美术运动，19 世纪后期，资本主义工业化大发展，书籍被各出版社的机械化生产代替，书籍成了纯商品，书籍艺术设计走上文化虚无的末路。诗人、艺术家、建筑家、设计师纷纷参加到改革书籍艺术设计的行列之中。他们各抒己见，改变印刷字体，改善版面，并引申到插图和封面的设计当中。（图 1-42）

the story of the Glittering Plain or the Land of Living Men

THE STORY OF THE GLITTERING PLAIN OR THE LAND OF LIVING MEN

Chapter I. Of those Three who came unto Hallblithe to the House of the Raven.

IT HAS been told that there was once a young man of free kindred and whose name was Hallblithe: he was fair, strong, and not untried in battle; he was of the House of the Raven of old time. This

图 1-42
莫里斯的书籍设计

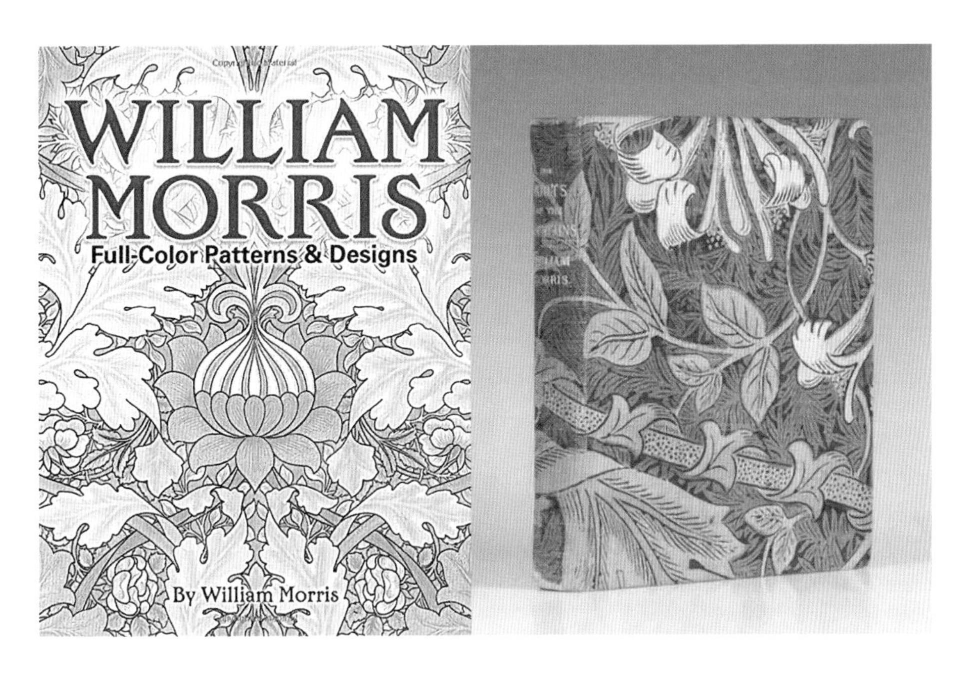

图 1-42
莫里斯的书籍设计

作为诗人、艺术家、建筑家的威廉 · 莫里斯于 1891 年建立了凯尔姆斯科特出版社，6 年中出版了 52 种精美的书。令人赞叹的是，他为《特洛伊城史》设计了“特洛伊”字体，为《戈尔登 · 勒根德》设计了“戈尔登”字体，为《乔叟诗集》设计了“乔叟”字体。他有意识强调手工艺，优化了印刷字体，作出改革的贡献。（图 1-43）

莫里斯是现代书籍艺术设计的开拓者。为展示书籍之美，莫里斯将书籍这一文化载体与艺术相融合。不断挖掘各类书籍的深刻文化层次，通过独具魅力的字体设计和精美的装饰形式，创造了经典的书籍艺术设计文明。

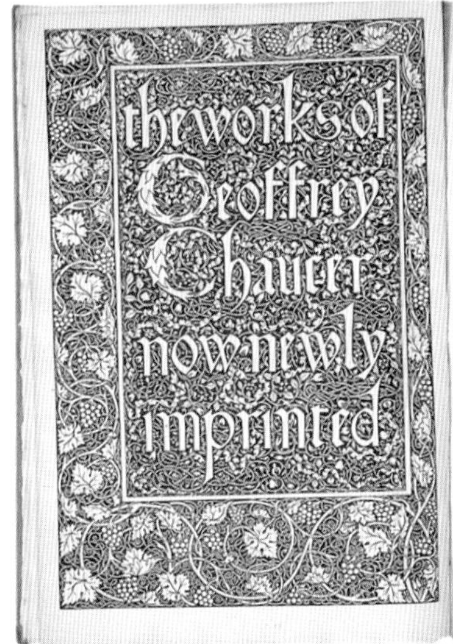

图 1-43《乔叟诗集》

②青年风格以德国奥托·瓦格纳主办的杂志《青年》为代表，应用了奥托·艾克曼以毛笔设计的创新字体；建筑家彼得·培任斯用钢笔设计了另一种新颖字体，字体的风格扩大到了版面、插图和封面。这种线性的青年风格，对日本、中国、欧美影响较大，尤其对中国 20 世纪 30 年代的书籍艺术设计影响极大。

③字与画相结合的中国书法艺术引发法国表现主义诗人斯特凡·马拉美和吉约姆·阿波利奈尔从文字外形和气势中抒发艺术家对宇宙的感悟和态度。他们为阿波利奈尔的诗《下雨了》作版面设计，将字与画融合，产生了特殊的视觉效果。

④未来主义。意大利的菲利普·马里内蒂在版面设计上强调感情爆发和力的飞速运动，其以无拘束的构图和疾动的线条应用于书籍艺术设计。

⑤达达主义的设计以怪诞、新颖、抽象、符号式的东西代替传统的版式设计，早期这一设计应用于斋戒节文娱活动的请柬。代表设计师有德国人约翰·哈特菲尔德和罗马尼亚人特列斯坦·扎拉。

⑥构成主义。前苏联的塔特林于 1905 年提出构成主义的理念。在包豪斯构成主义成为理性、逻辑的艺术中心下探究组构变化，李捷斯基倡导它，其代表作有儿童画册《两个正方形的故事》及马雅可夫斯基演讲集《投票》皆用铅字材料作插图。（图 1-44）

图 1-44
两个正方形的故事

⑦新客观主义。扬 · 齐休发展了“新文字设计”创立了新客观主义，成为现代书籍艺术设计的里程碑，以绝对不对称、强烈明暗对比颠覆了传统的设计，免去装饰纹样，突出无字脚字体，以粗线和块面突出主题。建立了形式与内容、作者与读者之间的联系。

图 1-45《Karren Moens Dotter Skou》

4. 世界上最名贵的书

（1）女子福音书

17 世纪属于名为《Karren Moens Dotter Skoug》的女子福音书，1692 年，其名字被刻在书夹上，这部金属掐丝工艺装饰书十分精美，设有金属掐丝穿珍珠的护角。此书珍藏于瑞典皇家图书馆。（图 1-45）

（2）爱尔兰国宝 ——《凯尔经》

《凯尔经》是一部泥金工艺装饰圣经福音书手抄本，由苏格兰西部的爱欧那岛（Lona）上的僧侣凯尔特修士抄写绘制而成。全书由拉丁文写就，并有大量华丽的图案和文字装饰，每章文字开头皆有插图，插图数量很多。

9 世纪福音书《凯尔经》泥金昂贵的特殊材料及复杂的工艺制作，只有祭坛上有这种名贵的并拥有大量精美插图的泥金祈祷书。

《凯尔经》被认为是西方书法的代表之作，又体现了海岛绘画艺术的高峰。它的奢华及复杂的制作过程远远超过了其他的福音书，其艺术设计将传统的基督教图案和海岛的典型旋转图案有机地结合起来，使人物、动物、神兽与凯尔特结交错成色彩鲜艳的图案模式，使手稿页面充满了活力，具有极浓厚的文化特色。微细的装饰元素皆具有基督教的象征，并深化了插图的主体。

《凯尔经》书的页面以牛皮纸为基底，文字用铁胆油墨写成，色彩来自各种矿物质。泥金的手抄福音书长达数世纪皆保存于凯尔教堂，由此而获名。

《凯尔经》被视为国宝，现收藏于爱尔兰都柏林的圣三一学院图书馆，英国女王和多国政要都曾前往参观。（图 1-46、图 1-47、图 1-48）

图 1-46《凯尔经》

图 1-47 美国总统奥巴马夫人及女儿参观《凯尔经》

图 1-48 英国女王参观《凯尔经》

（3）彩色童话书

100 多年前苏格兰的布面烫金书也实在令人惊叹。苏格兰著名作家安德鲁·朗格出版于一个多世纪前的 12 册《彩色童话书》以色彩命名，最早的一部是 1889 年出版的《蓝色童话书》，之后又陆续出版了《绿色童话书》《红色童话书》《黄色童话书》等。直到 1907 年，12 册童话书全部刊行完毕。（图 1-49）

图 1-49《彩色童话书》

（4）安娜的宝石书

16 世纪多瑙河畔产生了《安娜的宝石书》，具有传奇色彩。它是巴伐利亚公爵阿尔布雷希命人为妻子安娜绘制的。以极美的装饰手法精细入微描绘宝石的形象，该书优雅经典，韵味悠长。（图 1-50）

图 1-50《安娜的宝石书》

（5）黄金书

公元 5-15 世纪中世纪的泥金装饰手抄本是当时书籍文化的代表，留下了极少的精美绝伦、弥足珍贵的豪华福音书，现存于班贝格大教堂的福音书是奥斯曼帝国最珍贵的杰作之一。9 世纪神圣罗马皇帝查尔斯二世执政时，完成了《黄金书》，书的封面上覆盖着黄金、宝石、祖母绿、珍珠，被称为“宝绑定”。（图 1-51、图 1-52）

图 1-51《黄金书》

图 1-52《长传福音》

（6）长传福音

9 世纪僧侣、作曲家图提罗有雕刻油漆的工艺才能，他制作了象牙雕刻书《长传福音》。书面上以宝石与象牙相间镶嵌在金底的书封面上。（图 1-52）

欧美藏书风盛行，据说杰弗里 · 乔叟收藏的图书可与牛津相比，一部书就能换一座庄园，足见其藏书之名贵和丰富。

5. 书籍艺术设计领先之国际中心的转移

（1）书籍艺术设计领先水平 —— 书籍艺术设计和印刷工艺技术质量先进高超。

（2）书籍艺术设计领先之国 —— 瑞士和日本。（瑞士“二战”后兼容了德、意、法的设计文化）

（3）书籍艺术设计中心的转移 —— 20 世纪初英国曾是书籍艺术设计的中心。“一战”后中心移往德国，德国有悠久的传统，古腾堡 15 世纪完善了铅合金活字，19 世纪发明了石版印刷，20 世纪初以青年风格影响了世界，1919 年建立包豪斯学校，构成主义及新客观主义席卷全球。

（4）“二战”后，世界书籍艺术设计中心转移至瑞士 —— 因战时法、德、意的书籍艺术家逃到瑞士，使瑞士的摄影画册、美术画册、科技书籍、儿童图书都创世界最高水平。

（5）日本书籍艺术设计的高水平 —— 20 世纪 60 年代，日本经济飞跃，使书籍艺术设计得以发展，和瑞士同样成为世界最领先国家。其美术、摄影画册、儿童图书很突出，尤其是用拉丁文和日文印刷的科技书籍更是精美。将最先进的科技与独特的日本民族风格相结合，应用最先进的高科技排版印刷工艺。

6. 世界公认最美书籍的标准

（1）书籍艺术设计必须体现书籍内容精神，符合不同读者的要求，实现有利于世界文化的进步与发展的目的。

（2）书籍艺术设计应符合经济、实用、审美的原则，具有最高的艺术和技术水平。

（3）书籍艺术设计创造的形态应是整体性的和谐美观。

（4）书籍艺术设计应批判吸收历史传统的东西，探索新的形式。

（5）书籍艺术设计主张努力设计好廉价、活泼、美观的普及本书籍。

7. 现代书籍艺术设计的研究

（1）研究部门 —— 德国的古腾堡博物馆和奥古斯特公爵图书馆内设有专门研究部门，设基金帮助外国学者赴德国考察研究。

（2）博物馆的展览 —— 古腾堡的古老铸字、排字印刷及古腾堡的发明及生平展览。有印刷、装订设备展出；还陈列了古腾堡印刷的各种珍贵版本的《圣经》；展出各国现代书籍艺术设计；有 44 个展览部分将轮换展出。还有为儿童、学生讲解、操作示范。轮流展览内容："字体史""印刷史""书籍史""书籍封面史""插图史"；"15—20 世纪的七万张护封""五万张藏书票""现代书籍艺术倡导者莫里斯的全部印刷品""19—20 世纪的儿童图书""世上最小的书籍""最美的书籍样本""木版画""铜版画""石版画"。

8. 各国的书籍艺术设计风格

（1）英国 —— 简洁、严谨、正统、保守；

（2）美国 —— 明快、强烈、广告味；

（3）法国 —— 活泼、华丽、绘画性强；

（4）德国 —— 严谨、合理、兼有机灵活泼；

（5）意大利 —— 优美、新颖，纤细与粗犷相结合；

（6）瑞士 —— 清新、严谨，现代感强烈；

（7）俄罗斯 —— 稳重、有力，技术质量欠佳；

（8）日本 —— 新颖、古朴，东西方风格并存；

（9）中国 —— 内涵、淡雅，东方味浓郁。

三、Book Design 正名书籍装帧

1. 关于书籍装帧

（1）最初的概念

中国在 20 世纪二三十年代，由丰子恺从日本引进了“装帧”的概念。“装帧”指将纸折叠为一帧，再把多帧装订，加上书的书封面，设计者同时应完成书籍外部的策划及适当地掌握工艺技术常识。由于中国社会的环境、经济、文化条件所限制，人们已习惯性将“装帧”等同于书籍封面设计。“装帧”即具有了时代的局限性、习惯性。

一般的设计者以二维的思维空间来把握书籍的形态，并作纯艺术的绘画表现来完成书籍的封面及版式设计，没能真正建立相互浸润的完整套路，平摆浮搁地简单处理之。

（2）属于书的艺术

“书籍装帧”由两个词藻组成，即“书籍”和“装帧”。“书籍”是指以文字、图画、符号，在一定物质材料上记载的思想和知识被装成卷或册的文化媒介。“装帧”一度被视为书籍外在的衣服式的设计，将“装帧”与“书籍”切割开来。事实上“书籍装帧”应纳入到综合的概念之中，不宜将“书籍”与“装帧”的有机关系进行切割，如果硬将两者相剥离，缺失了“装帧”，书籍不仅失去了形态，而且无法存在。反之，没有“书籍”，“装帧”形式同样无以依存。

历史早期的“书籍”：甲骨文卜辞、钟鼎、鼓文等皆是以“装帧形式”完成“书籍”的各种形态。虽然这类书并没有“装帧意识”，但它们都客观地依

存着“装帧”形式。“装帧”长期以来就成了书籍的艺术形态的代名词。

2. 关于 Book Design

（1）Book Design 的界定

①设计的路径 —— Book Design 的设计路径，从构成学角度去考虑，它是包括创造书籍外部艺术形态，及关于传递书籍内部信息的综合性构想，并有相应可行性的实施方案。

Book Design 有符合传统的设计程序，根据综合的思考，确定信息的编排节奏和层次，按顺序完成以下艺术设计：封面、环衬、扉页、序言、目录、正文、各种文字、图形、装饰、空白、线条、标记、页码、分栏等。在艺术设计创造书体的三维审美性的形态，获得整本书籍总体的生命感，使之产生传递过程的搏动。

②创新的思维 —— Book Design 要求设计师对原著进行二度再创造。设计师应深入阅读原著，进行认真理解和感悟，由感性到理性，再由理性回到感性，往返之中抓住感觉，将感性上升至逻辑，以深度的心灵体验去安排好整本书的生命节奏，再细致研究创造的艺术表现手法，严肃地处理好工艺环节，努力通过构想在创新思维的空间里产生出一件三维的虚拟作品。

（2）书籍装帧向 Book Design 转换

①书籍艺术设计原则的变化 —— 英国工艺美术运动的主导者威廉 · 莫里斯就是以美的生活与艺术相融合作为设计的原则，这之后的各种艺术运动、艺术流派影响了书籍设计，如意大利的未来主义、俄罗斯的构成主义、德国理性的包豪斯学派、法国的艺术大师之恣意表现，直到解构原书籍，转换成新的动感书籍形态，再由普世化的波普艺术发展到抽象创新的概念之流行于世，对书籍艺术设计的创新早已不拘于书的内容主题所限，而是把它作为四维性的雕塑造型，已超出了阅读所需，使它成为具有独立存在价值的文化艺术品。

②智慧地把握纷繁的空间 —— 作为信息载体的书籍形态设计师们各有千秋，作为书籍形态的创新，应该要有一条合理的底线：无论怎样创新，它必须是书，新颖的外部形态一定要有书的文化内涵，因为它是载体，是媒介，失去

了内涵它就不属于书籍了。传统的书籍和概念书籍，虽然形态不同，但书籍最主要的功能就是传递文化信息。

3. Book Design 正名书籍装帧

（1）正名的实现

“书籍装帧”一旦被引入就有了名分，还被长期约定俗成地成为既定的名分；社会发展，人们有强烈的进步要求，随文化发展，学科、学术的相互碰撞、交叉、交融，各学科领域亦发生了变化，一些门类有的淡化、消失，常被新兴的所替代，更名者有之，要经过相当的社会实践，方能得到广泛的共识，直到认可。通过书籍艺术设计的实践和理论研究，Book Design 正名书籍装帧。

（2）Book Design 的创新优势

①空间的突破 —— 以新的书籍形态空间理念，发掘三维、四维的创造可能，从静态到动态，从平面到立体，从局部到整体，再从整体到局部，往复之中完成综合性的设计、策划及实现的可操作性。

②思维的突破 —— Book Design 的思维方式的科学性，突破了传统的思维框架。由于思维方式的先进，将概念合理地转换，实现了从传统的概念模式向新的概念模式转换的过渡。设计师能够从书籍创新形态的审美思考入手，进行序列化的信息排版，完成规律性的符合审美需求的设计运作。因为设计师能以创新精神大胆尝试，将深厚的文化底蕴作为创新基础，以崇高的理想追求书籍艺术美学的意蕴境界。

③学科的结构 —— Book Design 的专业学科，其结构应该有基础学科和理论历史学科作为必修之课。专业基础要完成三大构成（平面构成、色彩构成、立体构成）的学习，图形设计、字体设计、编排设计、插图设计、印刷设计；绘画造型基础包括素描、色彩画、中国画、书法篆刻、摄影；史论方面包括“美学”“心理学”“艺术概论”“设计概论”“中外美术史”“中外设计史”“中外装饰史”“中国民间艺术”。以上所有学科成为现代书籍艺术设计专业的系统学科的结构体系。

四、构筑精神的家园

1. 设计的觉醒

田中一光说，21 世纪无法回避对上世纪的反省和挽救之责任。设计也无法脱离“环境的再生”“消费 —— 使用 —— 丢弃的文明怪圈”以及“人情的复苏”这三重考量而存在。当理想的蓝图在近代都市的延长线上慢慢消失，某种怪诞的宗教就开始在人们荒芜的心灵中悄悄诞生。

（1）设计的职能

人类抱着期待与不安度过了 21 世纪初的不易描述的时期。在痛苦中想象着昨天的美好，在安逸时又会前瞻未来可能的厄运。不该去疯狂追求远远高于实际需求的奢侈。

由于过分追求迅速和享受，走向大生产、过度消费之路，加速了地球的荒芜之难以回避的前景。超前的消费必然引起设计的巨大改变。优良的设计创造出高品质而耐用的产品具有特别的美感，长久相守之物不仅是应用的随心，还获得情感的满足，即一种精神上的寄托，设计造物亦蕴情。例如中国传统的锔瓷就是追求残缺、破镜重圆之美学意蕴。

（2）设计发生社会作用

书籍艺术设计位于平面设计领域内，当传统的古籍善本从“过云楼”里搬到展厅，那种不加装饰的古朴，一本线装的宋、元、明、清版本的精装卷本，传承地散发着顾氏过云楼的书香门第之雅韵。凤凰出版传媒集团整体购入，使私家珍藏如小溪汇入了江河，纳入公藏得以延绵，以往私藏多旋聚旋散，如过眼云烟，聚于公藏亦无散失之虞。面对顾氏家族历经战乱，备尝艰辛捍卫传承的古籍善本由私藏汇入公藏，主办方与参观者由仰慕而产生敬畏文化之心。（图 1–53）

图 1–53 过云楼古籍善本

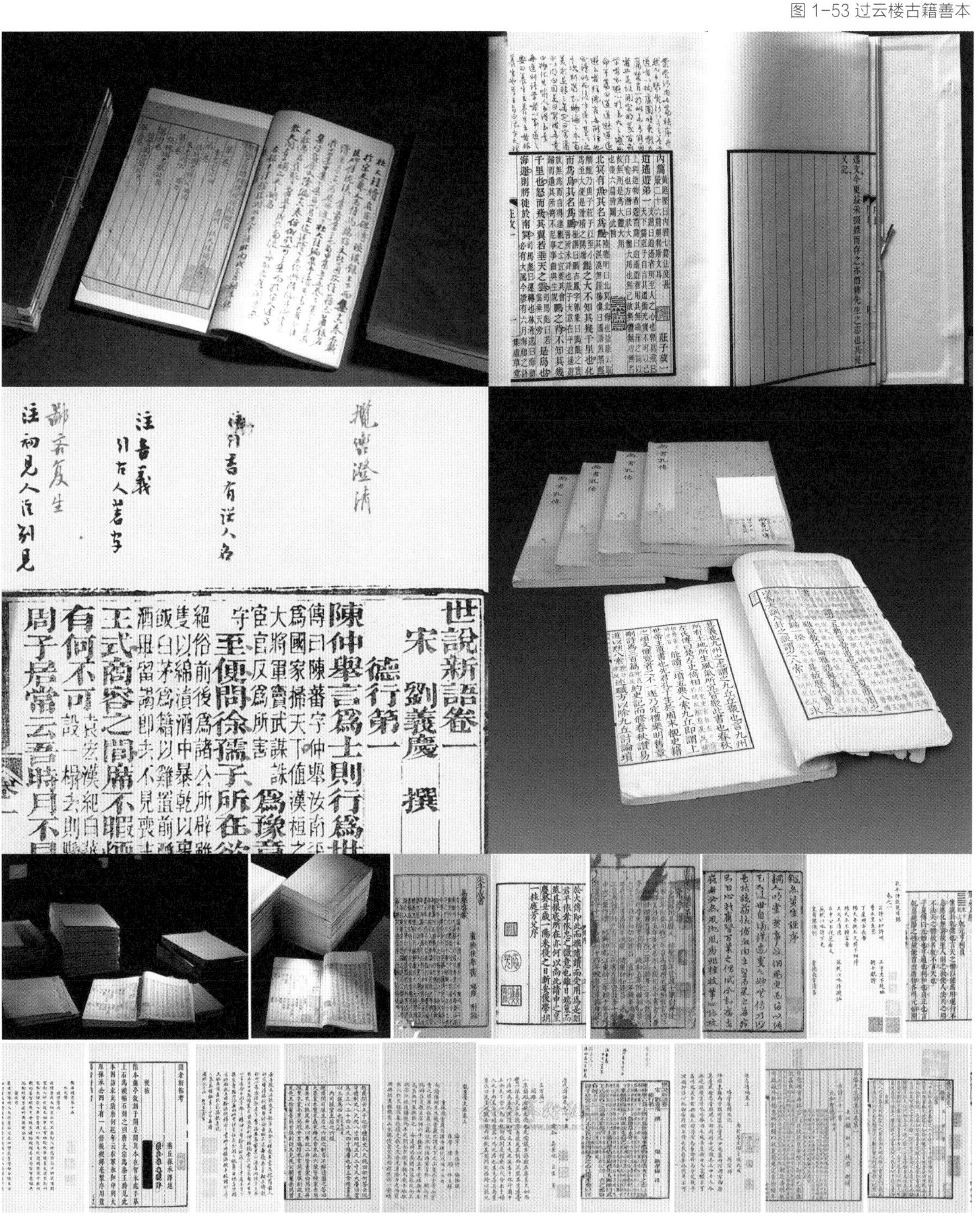

除了书籍的年代久远，还有中国特有线装书、版本的古朴艺术性之表现形式深深打动了观众。它的高品质手工的精美性使人久久陶醉在有着民族体温的书籍古文献的意境之中。

2. 设计的构筑

（1）美的栖息

美国西北大学教授、认知心理学家唐纳德·诺曼说：“我们有证据证明极具美感的物品能使工作更加出色……让我们感觉良好的物品和体系能更容易相处，并能创造出更和谐的氛围。”当我们设计一本书时，也正是在打造一所美好的精神家园，使人可看、可留、可驻。美国哲学家伊莱恩·斯卡瑞说：“当我们看到美的时候，就会产生一种内在欲望，因此通过和美丽个体的结合，我们将会繁育美（因此也是健康）的后代。”

书籍好比是空间与视觉传递的音乐，读者阅读时，从它的外部进入内部，犹如游览景区，时而是山重水复疑无路，却道是柳暗花明又一村。书籍艺术设计构建着视觉的秩序，导示着美妙的路径，营造着小桥流水的幽趣，也可能为大江东去而造势，读者心潮澎湃于其间。书就是精神的家园，是绝美的栖息之所。

（2）设计的方式

①设计的目的与功能 —— 设计是实用的艺术，通过艺术转换使之产生新的艺术形态，强化着视觉传递的整体感，达到传递信息的目的。增强美感，使其易识可读。其涉及到符号学系统和象征手法，这种表现手法应用于个体或群体间传递抽象的理念和感情。

②传递的方法 —— 书籍艺术设计遵循的视觉规律，在构建二维、三维形态，甚至是四维的动态，针对创造书籍艺术形态时由性质和目的决定它的表现形式，为创造整体的和谐、均齐或均衡，虚实阴阳相衬、节奏与韵律的变化，会表现出书的个性。使眼睛“浏览”于各元素之间：审视其形状、格式、局部、色彩及肌理的视觉感受。设计使视觉的艺术传递合乎逻辑，由此使读者获得阅读的视觉快感。

也可用多种表现形式搭建精神的家园，突出创造的重点，设立层面清晰的视觉焦点；整合各种元素并构建潜在的结构秩序，在本体与表现形式的视觉往复经验中灵魂就栖息到精神的家园之中。

五、传统书籍与概念书籍

由于当代人对全球相互依赖性的认知和觉悟，冲击了学术研究的民族传统分离的观点，民族传统已不再是文化交流和互动的障碍，各种独具特色的传统书籍与新兴的概念书籍并存共生，它们为人类文化跨越培养了多元、各类的读者群。

1. 传统书籍

（1）传统书籍的形态

书籍艺术设计自定为“书籍装帧”之时，即纳入到平面设计之范围，因为封面、环衬、扉页、版面等设计皆在平面上展开的。

书籍艺术的形态传统的面貌（除古代的各种类型之外）一般为规则的立体扁平矩形，也有正封、底封面是正方形的。实际上，书籍的艺术形态应该在立体设计之内。

（2）传统书籍的形式特点

①构成 —— 具有格式化构成之特点。

②图形 —— 重视自然形态，但有约定性。

③色彩 —— 具有印刷工艺特点的色彩。

2. 概念书籍

（1）概念书籍的形态

如同构筑人类居住的建筑物那样去创造三维空间的立体书籍形态，设计它翻动之后具有第四维的运动空间，设计师可以如同“新艺术”运动西班牙建筑家安东尼奥 · 高迪那样随心所欲地将雕塑注入建筑一般设计书籍。有的书籍被创造成花卉，有的转换成了钢琴，甚至还有的成了三明治，而书芯被巧妙地安置于其中。概念书籍的创新具有实验性，一般不会大量生产。（图 1-54）

图 1-54 概念书籍

（2）概念书籍的形式特点

①构成 —— 各种组成的形式，应内容而创造出各种新颖的结构、形态。

②图形 —— 大胆、生动、活跃。

③色彩 —— 与人亲近，符合内容的合理色彩。

（3）人书互动

直接反映了概念书的各种参与游戏的契机之所在，即触发参与的潜在吸引力之所在。

六、与乔布斯同行、同道

1. 乔布斯的理念

（1）乔布斯的遗言

①震撼人们心灵的遗言 —— 乔布斯说：“人活着是为了改变世界。”世界失去了他，他的遗言真正震撼人们的心灵。

②乔布斯的遗言之一 —— “活着就是为了改变世界，难道还有其他原因吗？”

③乔布斯生前名言之二 —— “没有人愿意死，即使他们想上天堂，人们也不会为了去哪里而死。但是死亡是我们每个人共同的终点，从来没有人能够逃脱它。也应该如此。因为死亡就是生命中最好的一个发明，它将旧的清除以便给新的让路。”

④乔布斯生前名言之三 —— “你的时间有限，所以不要为别人而活，被教条所限，不要活在让别人的意见左右自己内心的声音里。最重要的是，勇敢地去追随自己的心灵直觉，才知道你自己的真实想法，其他一切都是次要。”

⑤乔布斯临终遗言 —— “作为一个世界 500 强公司的总裁，我曾经叱咤商界，无往不胜，在别人眼里，我的一生当然是成功的典范。但是除了工作，我的乐趣并不多，到后来，财富与我已经变成一种习惯的事实，正如我肥胖的身体，都是多余的东西组成。此刻在病床上，我频繁地回忆起我自己的一生，发现曾经使我感到得意的社会名誉和财富，在即将到来的死亡面前已全部变得暗淡无光，毫无意义了。我也在深夜里多次反问自己，如果我生前的一切都被死亡重新估价后，失去了价值，那么我现在最想要的是什么？即我一生的金钱

和名誉都没能给我的是什么？有没有？黑暗中，我看着那些金属检测仪器发出的幽绿的光和吱吱的声响，似乎感到死神温热的呼吸正向我靠拢。现在我明白了，人的一生只要有够用的财富，就该去追求其他与财富无关的，应该是更重要的东西。无休止地追求财富只会让人变得贪婪和无趣，变成一个变态的怪物，正如我一生的写照。也许是感情，也许是艺术，也许只是一个儿时的梦想。上帝造人时，给我们以丰富的感官，是为了让我们去感受他预设在所有人心底的爱，而不是财富带来的虚幻。我生前赢得的所有财富我都无法带走，能带走的只有记忆中沉淀下来的纯真感动，以及和物质无关的爱和情感，它们无法否认也不会自己消失，它们才是人生真正的财富。让我们一起爱自己、爱他人、爱一切生命，接受爱、传播爱、在爱中长大！”

2. 我们正与乔布斯同行、同道

（1）设计的使命

①优化人类所需的产品 —— 作为书籍艺术设计的产品，就是经过全面艺术设计整合而成的书籍。

高尔基说：“书籍是人类进步的阶梯。”不光国家与社会离不开书。日益加剧的国际竞争，实际上是人才的竞争，终身学习是提高一个人、一个国家、一个民族素质的唯一正确路径。优良的著作品质加上精美绝佳的艺术设计，书籍具有了无法排斥的文化魅力。吸引读者，培养阅读习惯，使读者热爱书籍，提高民族的阅读量，成长为高素质的民族，才能让我国进行可持续的发展，实现民族的伟大复兴，不可能演变为低智商的社会。当中国梦随曙光升起时，中国人充满着喜悦。它与乔布斯临终提起的一个儿时的梦想比较一致。

书籍作为精神第一位、物质第二位的产品，书籍是文化知识的载体，是学习的媒介。知识就是力量!

②优化人类生存的环境 —— 当乔布斯不断优化苹果电脑为了达到真正的改变世界的目的，亦壮烈地贡献出自己宝贵的生命。透过六色彩虹我们似乎见到了全新的景象，就是 21 世纪人类的真正文明，深刻体会到苹果标志的文化内涵和意义。

“环境”的概念通常界定于“绿色”，“环境”从大理论范畴它指的是合理的、文明的、积极的、有序的、安宁的、和谐的生存空间。有位学者曾明智地指出："一个人的精神发育史，应该是一个人的阅读史，而一个民族的精神境界，在很大程度上取决于全民族的阅读水平；一个社会到底是向上提升还是向下沉沦，就看阅读能植根多深，一个国家谁在看书，看哪些书，就决定了这个国家的未来。"

读书改变人生，知识改变命运，读书不仅仅影响到个人，还影响到整个民族、整个社会。真正的文化精英不会把时间耗在推杯换盏、麻将与纵欲之中，而是出于社会责任把自己关闭于灵魂的自省，通过阅读（精读）与自己对话，沉淀思想的精华，在宁静中奉献。

（2）与乔布斯同行、同道

①乔布斯的成就与遗愿 —— 当乔布斯孤独的灵魂在生命的尽头吐露的心声是无比真实的，他并不重视自己居于世界 500 强总裁及商界巨头、成功典范的名声，认为财富成了多余的虚幻。他认为最有价值的是纯真的感动，是爱和情感。他呼唤爱、要求传播爱。

②继承乔布斯的精神 —— 作为书籍艺术设计师，应懂得爱，能够传播爱，在原著基础上，精心进行二度创造出极美的书籍形态，受到广大读者欢迎，拥有众多的读者群，合理、准确传递文化知识的信息。而且具有相对的独立审美价值的艺术表现形式，向社会奉献图书精品，以爱之心获得读者对图书的热爱。

努力创造大量精品书籍，铸造中华大地上的阅读圣殿，形成巨大的读者环境，宣传读书的人生价值，以可爱的儿童图书帮助儿童养成良好的读书习惯，形成家庭读书求知的文化氛围，以大量高思想、高品位的书籍提高国民素质。

知识不仅就是力量，而且还是财富，一个崇尚读书学习的民族和国家才有希望发达。

设计师优化了人类所需的产品，也优化着人类生存的环境，正是与乔布斯的"人活着，为了改变世界"同行、同道。

2 第二章 整体书籍艺术设计的创新理念

一、传统书籍艺术设计环节及理念

与现代概念书籍、立体书籍、互动书籍艺术设计相对而言，按照一般的约定俗成之惯例的书籍艺术设计被称之为传统书籍艺术设计。

1. 关于书籍艺术设计环节

传统的书籍艺术设计的环节：编辑、艺术设计、印刷、装订、发行。编辑对原著的原稿、编审、安排、出书的工作流程；艺术设计则将书籍由平面转换为立体形态，从总体创意策划确定书的整体架构与顺序，由外部至内部的各部分设计，使各部分相联接，将外部结构与内部结构相整合，由局部与整体间的设计整合，往复之中完成总体设计；由艺术设计向工艺制作联接，确定制作方式和印刷工艺，选择装订方法，成书后交给发行部门，直到书籍的问世。

2. 关于书籍设计的理念

设计师对书籍艺术设计的目标及艺术设计水平的思考及观念。设计师的书籍价值观和获取创作灵感的来源往往影响着书籍艺术设计的质量，正如日本著名的设计之父田中一光所说："我曾在为书籍做装帧设计而毫无头绪时，转而展示设计的工作中得到了装帧的灵感。我也曾为阅读音乐评论时，试着将'音乐'二字替换成'设计'，从而发现全文即变成了对设计的评论，由此得到新

图 2-1 原研哉书籍设计作品

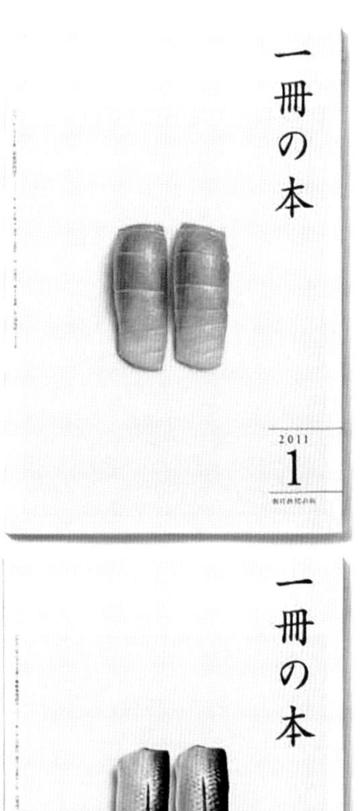

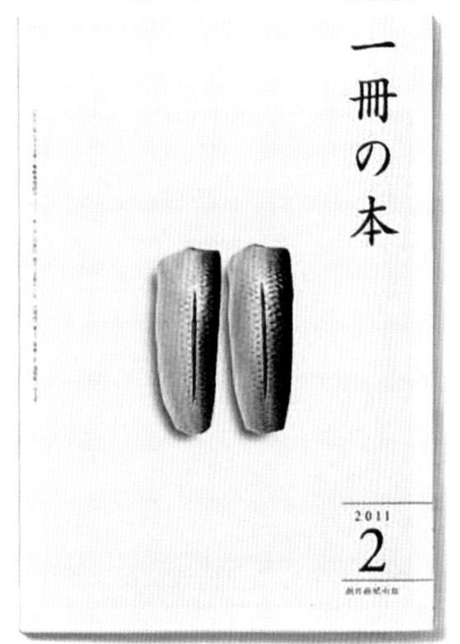

鲜的感触。”田中一光认为原本毫无关系的 A 工作与 B 工作，有时会意外地发生有趣的联系。他说：“年轻的时候，创想常带着滋润的水汽闪闪发光而来，有时又恰好使内在意象与时代主题合拍。但是，这种本能的灵光一闪会随着年龄增长而日益减弱。到这种时候，不妨将自己清空，沉浸在对方的要求和主题中去。当然这么做能够——把握住对方核心的观察力为大前提的。相比靠自己随机的灵光乍现，这种方式就像医生问诊，在详细了解了对方的要求和性格后，准确地做出‘诊断’。而对我而言，标志设计的工作就是这样性格的产物。”依田中一光的观点：“书还是要以题材为第一位的，而再好的设计似乎也无法将平庸的书变为一级品。”

田中一光和原研哉、王志弘这样的设计师之所以伟大，是因为他们持之以恒的使命感和无所畏惧的好奇心，充实了他们的一生，那种生命不息，创造不止的探索精神已经成为他们设计的灵魂。（图 2-1、图 2-2）

设计师面对文本、历史、艺术设计融入实用，对于诸多新问题，提出最佳而美妙的整体的解决方案，则是优秀设计师所必须具备的修养和能力。

图 2-2 王志弘书籍设计作品

二、创新书籍艺术设计与信息设计交互的书卷文化理念

1. 互动书籍

互动书籍一般指出版社、作者或编者与读者共同完成的书籍，通过相互之间的互动，让读者在阅读书籍的基础上，增加体验式的编撰参与。如中国第一本互动书籍《非常爱中国 —— 喜爱家乡的 101 个理由》，是在集中呈现中国 34 个省市自治区喜爱度调查暨喜爱家乡的 100 个理由活动评出的 34 个省市自治区各 100 个喜爱理由的后面，特别策划增加一个第 101 个喜爱理由的空格位置，可以让每一位书籍拥有者亲自或者邀请名人、好友撰写对家乡的喜爱理由，又设计了更多喜爱理由的互动征集，参与者可发电子邮件，将有机会入编正版或组合版的喜爱理由，再版时可以调换喜爱理由。还策划了“非常爱中国读者有奖互动反馈”，使书籍贴近读者，更大范围地开展互动。这是全世界独一无二的书，是一本让思念家乡者热泪盈眶的书，是一本漂泊异乡者读起来无比温暖的书，是一本让中华儿女读后更加强烈爱家爱国的书。（图 2-3）

图 2-3《非常爱中国》

2. 创新书籍互动设计

创新书籍的互动从增强拓展的方式，使书籍易懂，使读者能够愉悦地接受。设计的表现方式突破了平面设计的维度，以新的视角展示着书籍艺术设计的魅力。（图 2-4）

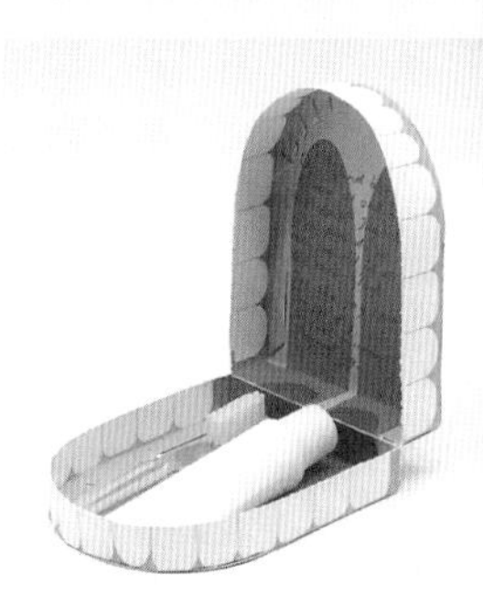

图 2-4 互动书籍

根据心理学的五感理论，设计师对于书籍艺术设计的嬗变，强调感官参与的动态要求，而完成的动态设计。书籍艺术设计中，根据创意安排不同互动的层次：隐性互动、浅层互动、深层互动，以一定的艺术表现方式去表现隐藏、延展、解体、空白、复合、异变的书籍互动的主要特征。接受知识信息的读者是阅读的中心，书籍的互动设计就是要改变读者与书籍接触的方式，当设计师在打开书籍的开启处设置了奇巧有趣的机关，就是抓住了读者开始准备阅读的决心，然后又在读者翻阅过程中安排空间变幻的设计元素，这是一种公开的使感官通道大畅的心理体验，使感性接受逐步转向理性认知，区别于物理学、艺术表现形式相综合的过程。

书籍艺术的互动设计使书籍的文化内涵、精神力量长存于读者的内心。

世界已进入到媒介转变的拐角，电子书籍努力包容和吸纳纸张书籍的文化内容及存在形式。电子世界的迷幻的非物质性在闪亮的电子屏幕的视觉下，所产生的奇特视觉想象，迫使书籍艺术设计师重新审视书籍艺术设计的设计语言及艺术表达方式。媒介影响当代人的思考习惯和理解能力，不可能只靠记忆、语言文化等文字媒介、印刷媒介、印刷文化等传递信息。媒介环境的变化不仅是知识共享方式的转变，同时还有思维模式的巨大转变。多元传播媒介的平行，正潜移默化地更新着大家的阅读习惯和方式。“书籍”的概念变成广义式的，拥有了极广泛的内涵。书籍的互动设计应运而生，设计师们展开了书籍互动设计实践的探索，还进行了书籍互动设计的文化内涵及表现方式的研究。

书籍的动态设计理念是具有信息交换的书卷文化理念，它具有更加广泛的书卷文化意义。互联网时代，读者越加习惯需要互动式阅读方式，重视互动的阅读习惯完全符合阅读的求知本意，能拓展获得书卷文化的信息。事实上书籍互动设计的层面重心从电脑转移到读者自身。读者可以自由地选择某种方式参与书的编写，读者的角色发生转换，往复于编辑和读者之间，使读者积极主动地接受及传递知识信息。书籍互动设计受环境、文化、身份、认同的影响。书籍的互动设计是偏本能的设计，打破了固定空间，从外观经互动，在动态过程中获得更全面的书卷交互的审美感受。

三、书籍的内容与审美形式

1. 书籍内容的首要位置

书籍的艺术表现形式是为书籍的原著内容服务的，一定的文化内容决定一定的艺术表现形式。书籍艺术设计师对于原著的学科门类、文化品位、文化精神、设计的元素之演变、构成、色彩、图形、编排、工艺技术的确定乃至书籍外部和内部的艺术形式皆要依照原著内容进行调整、优化。

书籍艺术设计的目的首先是为了实用，所谓实用就是可以将书装订成册，出现书的实体，书的形态便于携带、利于收藏，更应利于展开阅读、翻转。物体的创造皆具有一定的目的，这种陈述不符合德国哲学家康德的“目的性”理念。整个设计史就是人们不断改变优化创造物的过程，创造物形态的逐步合理、合情、合意，精神因素注入其中，觉醒的设计师发现物质和精神难以剥离，内容与外在形式亦是相互依存无法切割。但由于设计师的水平有高低，内容与形式的关系、品位、水准、文化性、艺术自由等会有差异。

虽然书籍艺术设计的目的是实用，艺术表现形式不应被动地顺从内容，应该对内容加以创造性的表现，加以艺术的诠释、艺术的定位、艺术的拔高、艺术的渗透、艺术的传递。这也是艺术表现形式的社会意义，它的精神文明价值。内容与形式是长期值得研究共同探讨的问题。

进行书籍艺术设计时书籍外在形式的设计不只是反映书籍内容，还是书籍原著内容的延伸和拓展。艺术具有创造的本质，使人视觉受到刺激引发通感，由联想产生内心由衷的感动，那么一种潜在的强大的感染力来自设计师的博大精深的学养和富于智慧的创造力。

2. 书籍的审美形式

如何运用思维将不同的文化设计要素完美地糅合在一起，以便创造出外观高雅的书籍整体形象。审美形式偏于外观属性，它涉及到材料、结构、工艺。

设计是一项整体性很强的规划，无法剥离其中任何一部分。对于形式美的价值观是时代形成的，当代在艺术、设计、学科间的探索贡献，将会影响未来历史的方向。

按物理学家布莱恩·赖利建议用“魔法真理”表现形容人类的精神推动力，是指当代人类的精神推动力是非机械性的，无法用科学来描绘。美的体验即是“魔法真理”，完全属于人类的感性世界。并说：“魔法真理和科学真理相互补充——数学可以刻画宇宙，而它的美只能靠心灵去感悟。”

作为书籍艺术设计的审美形式，其美表现于视觉、艺术表现的审美形式，就是视觉传递的形式。设计师对于书籍艺术设计审美形式之视觉美感都有自我独特的文明标准，故有多种的审美形式存在。

新艺术运动时期，美国建筑师法兰克·劳埃德·赖特的导师路易斯·沙利文就提出了形式追随功能。德国建筑师密斯·凡德罗主张“少即是多”，随后美国建筑师罗伯特·文丘里以“少则生厌”来反思极简单设计；20 世纪的思潮是以“形式表现功能”来反对“形式追随功能”、现代主义的“形式追随时尚”。

直到 21 世纪提出了“形式促进表现”及“形式追随感情”，人们在感性（视、听、嗅、触、味觉）及理性的方面同样重要，在色彩、肌理、视觉及其他感觉中获得审美感受，提高了人们的生活质量。帕萨迪纳艺术中心设计学院前院长大卫·布朗说：“人类本性，就骨子里的生物本性而言，是视觉和感觉的生物。”人类要求感性和情感本性的满足不需要任何解释。

美是区别于自然世界其他属性的一个截然不同的属性。自然和物体的美是客观存在的，柏拉图认为，现实是典型或形式性的集合，超出人类的认识范围。这些完美和永恒的模式（即“真正的真实”）是所有存在的基础。

作为书籍艺术设计的审美形式问题，与文化符号学相关，视觉传递原著的文化信息，离不开符号系统和象征手法，这种表现手法就用于个人向群体传递信息，抽象的思想观念和文化知识信息、情感的信息。符号被应用于视觉的传递，以艺术表现形式使人们接受逻辑和秩序，当然也服从于功能。

设计是一门实用艺术，也会运用变形手法，为了达到通俗易懂，具有象征性、增强美感，书籍的审美形式强化了视觉上的整体布局感及和谐性。书籍艺术设计的审美形式应有强烈的个性，能使视觉漫步于立体书籍的每一环节，并能在结构上形成一个视觉焦点，那就是艺术形式的亮点。还得在开本编排等方面讲求比例；对于书籍的形体或主要构成部件因素进行良好合理的结构衔接；

审美形式应符合视觉规律，书籍艺术设计元素间的衔接成为视觉标点，或形成视觉的交接之节奏。有时在审美形式上进行类比，如编排版式中的样式组合所形成的韵律、节奏感、大元素、主旋律与小因素的类比，建立视觉秩序，按系统设计；通过结构、图形、形式引发视觉想象的重复，产生美妙的视觉韵律。

对于审美形式的调整，到了视觉修剪的阶段，对于视觉繁琐的使之简练，对于视觉体量单薄的使之增量，对于书籍形态及艺术形式的调整，优化艺术形式的表现力，有更高的审美价值。一些有代表性的书籍，如《美哉汉字》就是内容和审美形式结合良好的例证。（图 2-5）

图 2-5《美哉汉字》

台湾汉声杂志出版社出版的《美哉汉字》一书反映了中国传统民间的汉字字体文化，设计师对这一文化内涵视觉化的艺术设计，将外部形式采取如意云头作为书籍的开口，其浓郁的民族文化意蕴，选择黑、棕二色，既显文化古朴又具有现代国际化的简练。并以线装装订，书籍的传统文化内涵被延伸、拓展，其民族化的艺术形式，及书籍艺术设计形式与书籍内部的关系相依存十分紧密。

林语堂著《京华烟云》由章桂征设计，设计师用虚实对比，以一当十的艺术手法，及其环境的象征性作为此书的艺术表现形式，从原著的各大家族三代人悲欢离合故事中抽取设计的元素，将原著内容以象征性的审美形式浓缩于封面，使内容与形式高度统一，而且这一艺术设计的绝妙形式意味深长，使人感悟到京华风情之浓韵。

四、书籍的开本、装本与审美

1. 书籍的开本

（1）版式与目力

在确定书籍开本之前应了解阅读时目力的生理限度，这与文字编排、开本大小有关。中国传统书籍皆为直排样式，字序自上而下，行序自右向左。由于字的直排影响到其他部分的设计，直排书籍订口皆在书的右侧，阅读时书页由左向右翻（出版界称中式翻身）。

横排文字的书籍订口皆在左侧，阅读时，书页由右向左翻（出版界称西式翻身）。

有一位文化名人曾说："就生理现象说，根据实验，眼睛直向上能看到 50 度，向下能看到 70 度，共 120 度。横的视野比直的要宽一倍以上。这样可以知道，文字横行是能减少目力损耗的。"

（2）开本要素

开本即是书籍的大小，也就是一本书的面积，确定开本大小才能根据创意决定版心、版面、插图的设计和安排，并对于封面的构思，逐步建立阅读的视觉秩序和流程，进行整体的规划和各部分的局部设计，直到整本书的大联接。

决定书籍开本是根据书的性质和内容，一般艺术教材多半取大 16 开本；文艺小说取小 32 开本；经典名著理论书籍置桌面，翻阅取大 32 开；儿童书籍往往置于膝上阅读，加之以插画为主，取正方形；百科全书、辞海、辞源、大字典开本加大；小字典、手册之类工具小书便于随手之用，取 42 开以下；中国画册取长方形开本；乐谱皆为国际化取 16 开本。（图 2-6）

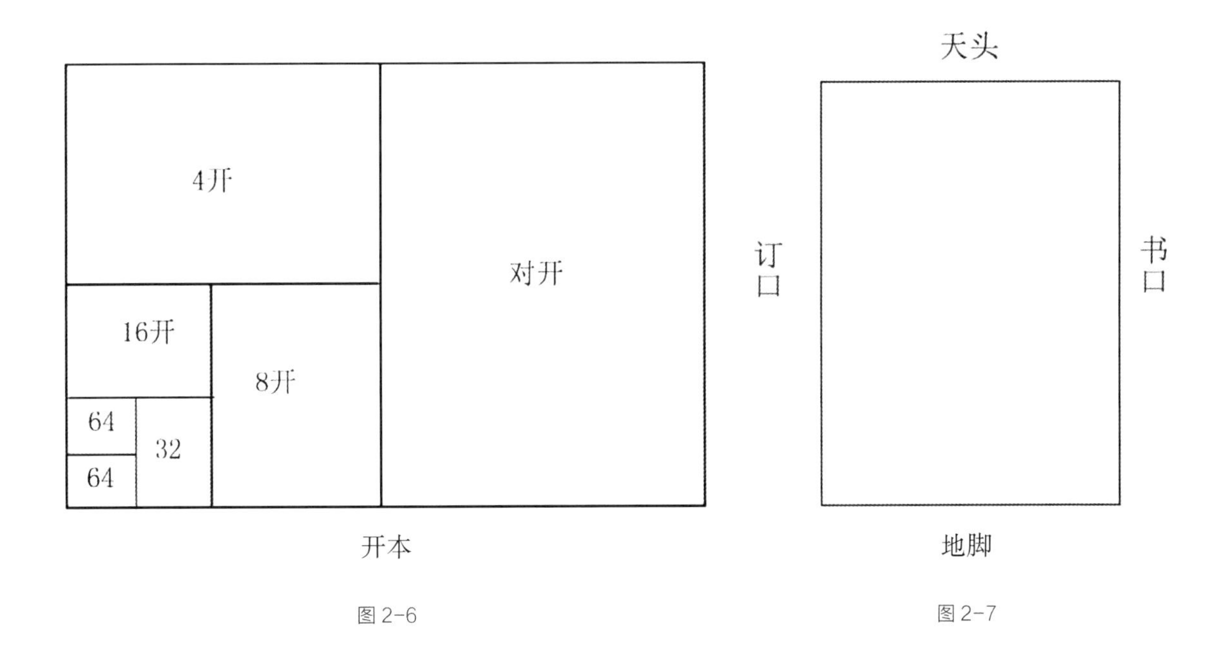

图 2-6

图 2-7

另外决定书籍开本的原则就是经济合理使用纸张。

纸张尺寸：

787×1092 毫米 / 正度

889×1194 毫米 / 大度

正度开本的实际尺寸：（纸 787×1092 毫米）

4 开本 390×543 毫米

6 开本 362×390 毫米

8 开本 271×390 毫米

16 开本 195×271 毫米

一般的开本尺寸在成本后均略小于纸张开切时的尺寸，因书籍装订、订口、三面截切后尺寸必缩。

各部分名称（图 2-7）

2. 美的开本

取标准的黄金律比例（DIN），先做正方形，连对角线，取对角线为半径，得出的矩形即是长宽比例标准的开本。（图 2-8）

有人因见到《英语 900 句》的开本，即想为《中文 24 小时》设计开本，取 150×85 毫米开本，用硬皮封面装订，便于外国人放取西装口袋。（图 2-9）

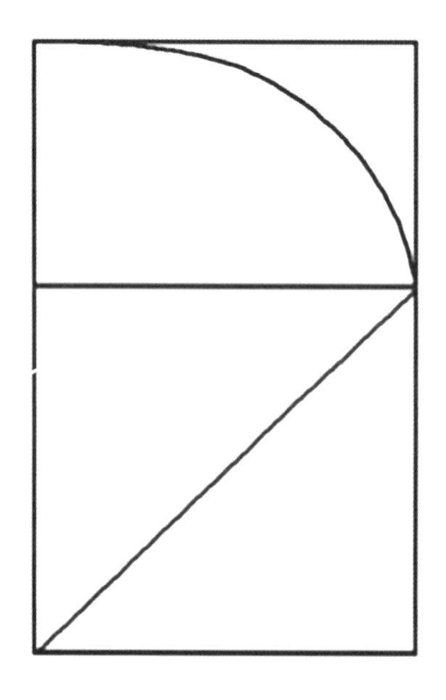

图 2-8 黄金律

图 2-9 各式装本

五、整体书籍艺术设计的创新方法与程序

1. 设计与创新的关系

（1）观念

瑞切尔·库伯提出“创新与设计的争议点在于创新关注的是先进的技术，而设计则关注对技术的应用，并开发出多样化的市场产品”。

赫伯特·西蒙则说：“设计就是试图找到一个改变现状的途径。”解决设计之过程，其创造性思维模式和方法，在理性逻辑思维与感性形象思维间切换的创造性思维模式，正面对并需要解决创新方案的整个体系之中的诸多繁杂问题。

（2）创新形式

约瑟夫·琼彼得的创新理论，将创新提升到以经济为基础的产业层面上，认为创新能使社会繁荣。其理论具有周期阶段波动模式的特点。在其总结的五种创新形式中，将创新超越了单纯的技术层面而指向了更为广义的创新层面。事实上，科技的高速发展，是随着创新而发展，创新的路径、范围及深度顺势而扩大。由于社会多维度的物质层面的结构关系之复杂，人类社会的多层面创新已从单纯解决物质层面过渡到解决人的层面，从单独解决单体产品层面发展到解决系统的结构平台层面。作为书籍艺术设计，创新或是向艺术表现形式的技巧导向型发展，更可能创新向读者导向型发展。

书籍艺术设计的艺术表现形式之技巧拓展，以新的表现技巧为内容服务，转换为主导的创新。技巧创新基础源于立体、动态的书籍设计。

读者从阅读需求出发，对技巧、材料、工艺应用于书籍设计的创新的导向，使设计服从它这种导向而进行的创新。

意大利设计师阿莱西以设计创新为独特的导向模式开发产品。设计导向型创新以无数次成功证实了它的价值。

2. 设计导向型的创新

（1）设计师经典作品的证明

20 世纪以来，杰出设计师的经典作品，完全证实了设计导向型创新存在的价值和意义。设计在创新过程中应有的一席之地被恢复了。设计导向型的路程比较独特。

（2）乔布斯的设计引领创新意识

乔布斯设计的笔记本电脑成为市场主流产品，苹果系列产品证实了设计导向型创新的成功。

3. 整体书籍艺术设计的创新方法

（1）使技巧导向型创新、读者导向型创新与设计导向型创新相交互、建立彼此的依存关系。

（2）设计导向型创新对书籍艺术设计起引领作用。

（3）创新智慧、能力的培养。

以文明为目标，更本质地把握住书籍艺术设计创新的思想基础和核心价值。学会从微观、中观到宏观的具体环节认识、把握创新的结构，使创新符合时代要求，能够具有民族的风格，并能与国际接轨。

4. 整体书籍艺术设计创新的程序

（1）创新的路径

书籍艺术设计现代环境之下的创新，具有复杂性，但创新改变了人们的阅读方式，提高了精神生活的质量，对社会产生了极为深刻的影响。对创新的过程应作多维度的分析。创新必经创意探索的路径，创新也须通过渐进逐步实现书籍创意的反复调整、材料更新、印刷工艺先进、合理装订成书。

（2）创新的综合过程

书籍艺术设计的创新不可能光从书籍本身用力，还得从各个不同的文化领域借力，有时灵感由完全相反的事物中获取，也可能从现代前卫艺术中受到理念的启迪，由心理学得到科学的暗示，从现代视觉科学最新研究认识视觉发掘的可能，通过一定的艺术设计方法，将视觉的超能力相关联。

接受视觉科学中视觉大革命理念，引发视觉传递的方式创新，视觉精神物理学视觉角度研究眼前刺激物，竭力使设计优化视觉对书籍的识别、传递信息意向的把握。书籍艺术设计是对原著的二度再创作，它对于原著极具创新价值。而书籍艺术设计的创新是将原著文化信息提炼出的设计元素与心理学、视觉精神、物理学、艺术表现形式相综合的过程。

（3）创新的程序

因为创新不但具有可确定性，同时还具有相当大的不确定性。创新要改变原有的状态，一旦创新的意向往前实施和推进，那必然就颠覆了旧有的存在，即具有破坏性，不破而不立。对于书籍艺术设计，经反复调整局部和整体关系，使之和谐，在各种相依存的导向型作用下，创新逐步将不确定性固化，也就是把不确定性转换成可确定性，实现书籍形态的创新，表现形式的创新。

从创新各阶段不同维度去认识，书籍艺术设计创新的程序是一个创意探索、渐进、综合、破坏、解构、重构、不确定往确定相交互的向优化转换的突破过程。

六、书籍艺术设计的解密

1. 文化相对论的宏观认知

（1）达尔文主义及心理进化主义理念

①本能的应对 —— 人类身体本能和精神能力及生存的技巧适应是经历了百万年的自然选择，使人在出生时就具有了某些本能性的能力。丹尼斯 · 达顿认为人类的审美追求也是如此，不同的人群自然有着各自的审美倾向。

②文化的背景 —— 审美趣味及美的评议取决于各类人群的文化背景，由各自的文化背景产生各种评点的标准，同时也理智地选择了审美的对象。

③传统与时尚 —— 社会传统和时尚对审美产生了巨大的影响力，传统和时尚对审美标准的定格都有决定性的意义。

（2）多种模式之间的碰撞冲突

①学科的不确定性 —— 学术的严肃、孤独和寂寞；学术的边缘性、交叉性，人们对于考量偿付能力的流行和泛滥，项目研究应用及评估与利益相捆绑之泛滥。

②多元文化的丰富性 —— 现代文化的反省，着力追求文化的丰富性，国内外各社会间的互相依存的相异文化间相知的悟性有极大提高。

2. 从混沌到有序

（1）伊利亚 · 普里戈金的远见卓识

①耗散理论的贡献 —— 比利时籍俄罗斯裔化学科学家伊利亚 · 普里戈金认为人类世界的认识仅仅是初始，无论是从宏观或是从微观去认识世界都会产生惊异的喜悦。他的巨著《从混沌到有序》一书，处于当今不稳定的状态、缺乏平衡感的世界动荡环境，给人们指出创造崭新秩序、勃发出创造能力的路径。

②随机性与耗散性 —— 李约瑟和尼尔斯 · 波尔在现象的层面上，美妙地

描述了耗散系统方程，对于过程中初始条件敏感的发现开创了可喜的前景，阐明了由简单向复杂发展的过程。他正是从生命的低级形式跃向生命的高级形式，从无差异的构成到完全相异的构成。提出在特殊构成系统中的随机性、不可逆性。

（2）书籍艺术设计的文化思考

①理性的思考 —— 一旦失去了平衡状态的存在系统发生结构的变化，它达到临界点，必然性的发展新方向上出现了偶发性，可知必然性和偶发性并不是纯粹对立，时而温柔地相安并存。经综合比对，可逆性与不可逆性、无序与有序、偶发性与必然性、科学与艺术皆被纳入了共同的框架之中。

②新框架的意义 ——《从混沌到有序》一书潜在的深刻思想不但指导了自然科学、生命科学，还延伸了艺术人类学、现代设计领域。尤其是构成学和符号学在现代设计中的丰富演绎，自然，书籍艺术设计便置身于其中了。

③全新的探索 —— 信息时代的到来，设计学、编辑学、图像学、符号学、新美学及高科技的新层面，促使书籍的功能和阅读环境的变化，然而书的形态从外部设计到内部设计均迈向新的路径。

3 第三章　书籍外部艺术设计的视觉传达

一、书籍外部艺术设计的思考

1. 书籍外部艺术设计的立体思考

（1）书籍的外部设计绝不是简单的商业外包装。

（2）书籍外部艺术设计包括：书籍外部形态的策划、信息内容的外部呈现、外部视觉图文的构成、工艺纸张的确定。

2. 当代设计所处的过渡转型期的思考

（1）从习惯的传统设计模式跃入立体设计的创新思路。

（2）接受新的设计理念，重视书籍外部艺术设计的深厚人文含义。

3. 艺术个性鲜明的视觉样式的思考

（1）确定与书籍内容建立呼吸关系的外部视觉形式。

（2）传递时间和空间戏剧性流动形式。

二、书籍外部艺术设计的构成

1. 书籍外部艺术设计从平面到立体化

书籍外部艺术设计包括：封面（正封、底封）、书背、外部版式、插图、色彩、纸张、印刷工艺、装订等设计。

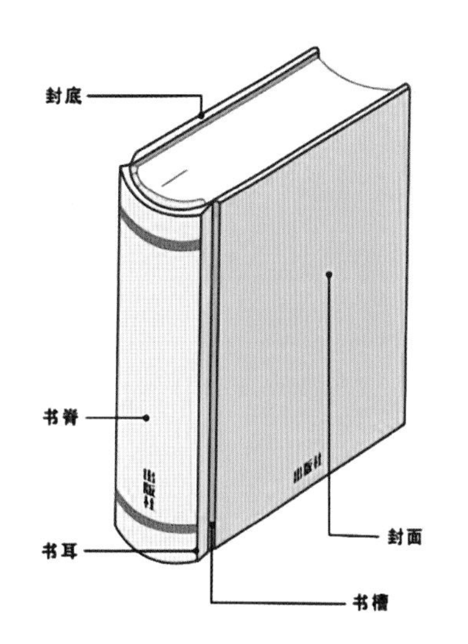

图 3-1 书的外部构成

2. 书籍外部艺术设计如园林的大门与院墙

从视觉形式传递出书籍内的文化信息，如同大门和花墙透出园林的无限风光。

3. 书籍外部艺术设计的构成主体

（1）书籍封面设计是外部艺术设计构成的主体。其由封面、书背、封底、勒口构成。（图 3-1）

（2）书籍封面构成书籍存在的形式及保护书籍。

（3）书籍封面设计以其自身所创造的审

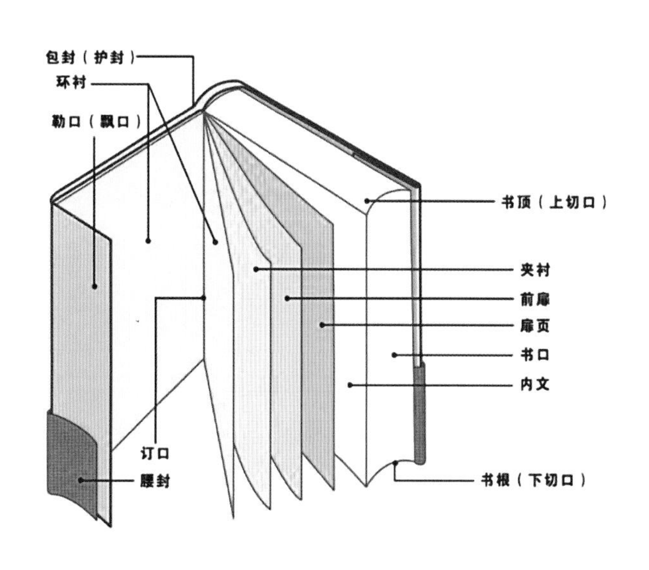

美价值，提供给读者精神之享受，并宣传、推广了书籍的阅读和销售。

4. 书籍外部的书背艺术设计

（1）书背设计的目的

书籍在书架上视觉传递的任务就由书背担任，虽然书背的视觉面积狭窄有限，但必须将书的信息清晰传递，便于读者查询。书背应出现：书名、丛书名、著者、译者、出版者。

（2）书背艺术设计的构思

书背艺术设计的构思较为单纯，首先要使设计的艺术风格，即使是点滴的图形符号都要与内容相符合，如《麦田里的守望者》底上一片嫩黄绿，宋体深绿色书名，作者名字中文与书名平行用深绿，英文名字则用比底色深二度的冷绿，书背下部安排深度较重的译林出版社左下加了个小标志，右下平行的是细黑体凤凰出版传媒集团，数字则放在轻的层次。小小的一个书背，艺术设计得干净而充分，十分悦目。（图 3-2）

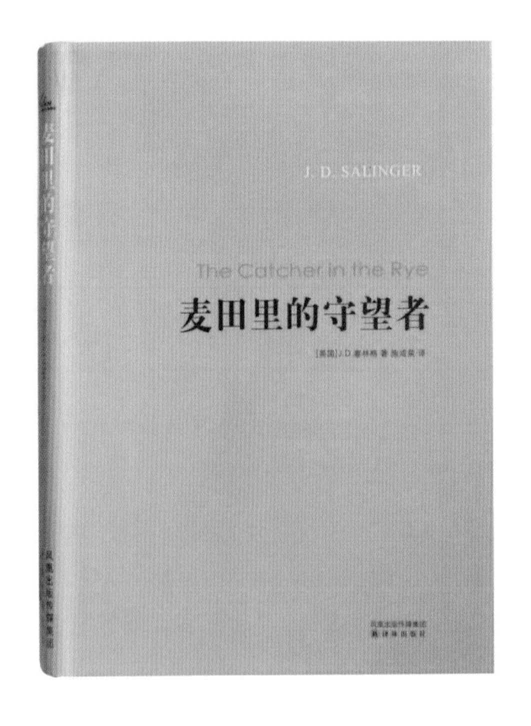

图 3-2《麦田里的守望者》

（3）书背艺术设计的构成

因为书背面积小，为了解决视觉传递的迅捷，应把握好书背各视觉元素的构成关系，如何掌控其格局的特点，极为重要。它的左右极狭窄，没有弹性，只有上下空间具有可变性，但也很有限。故因为书背狭窄之制约，尽量将文字安排在直向上，空间允许的情况下也可将竖向字与横向的相组合。尽量保留书背两侧的有限空白。

（4）书背艺术设计的色彩

一般书籍艺术的书面色彩与书背同色，但有的书却强调书封与书背色彩对比，例如《色彩构成与设计》，正封用深蓝底色、书背和底封则用白色，白底书背不仅与封面形成强烈的对比，而且还将竖向深蓝色书名、作者、出版社衬托得十分清晰，视觉传递呈现出优势。

书背设计其艺术表现形式（构成格局、色彩倾向、纹饰、字体）必须符合原著的文化内涵。（图 3-3）

图 3-3
《色彩构成与设计》

三、书籍封面设计的视觉表达之构成

1. 书籍的外衣——封面

书籍封面设计作为书籍外部艺术设计构成的主体，定位书籍封面设计如同园林的大门，也可比作书籍的外衣，精简装书籍护封也归书籍封面之列。

2. 书籍封面设计的视觉构成形式

（1）以变化与统一的美学原理作为创新设计的可循规律。

（2）以均齐、均衡、比例、节奏、韵律为创新设计的基本法则。

（3）以三大构成（平面、色彩、立体构成）的视觉要素变化的构成形式，处理运用图形、色彩、结构、面积、形态、矢量的对比变化关系。

3. 以书籍封面为主体的书籍外部的形态设计

（1）所谓书籍外部的形态，即是书籍的立体造型、文化精神的仪态，与书籍文化内涵的意境相和谐的外部艺术表现力，它通过书的立体形态反映其文化魅力。

（2）书籍外部形态，是由书籍原作者、编辑者、书籍艺术设计师、印刷工艺及装订人员共同创造的。

（3）书籍的固有外部形态是六面体，它容纳着文化知识，将内容和文化性充分得以渗透及延伸，诱导读者的视觉和求知的欲望。

四、书籍封面艺术设计优化视觉传递的方法

1. 书籍封面艺术设计的构成格局

（1）垂直式：垂直式较为严肃，有敬畏感。（图 3-4）

（2）水平式：水平式较为宁静，有平静感。（图 3-5）

（3）十字式：既严肃又平静，有理智感。（图 3-6）

（4）之字式：既运动又力度，有较强的力度感。（图 3-7）

（5）斜线式：斜线式不稳定，有运动感。（图 3-8）

（6）正弧式：虹式较有乐趣，有舒畅、柔和感。（图 3-9）

（7）反弧式：木马似的乐趣，有左右摇晃感。（图 3-10）

（8）格律式：填充式的均匀，理性的相等空间。（图 3-11）

（9）平行式：重复式的加强，有深化加重感。（图 3-12）

（10）S 形式：平衡式的运动，弹性的运动感。（图 3-13）

图 3-4 垂直式

图 3-5 水平式

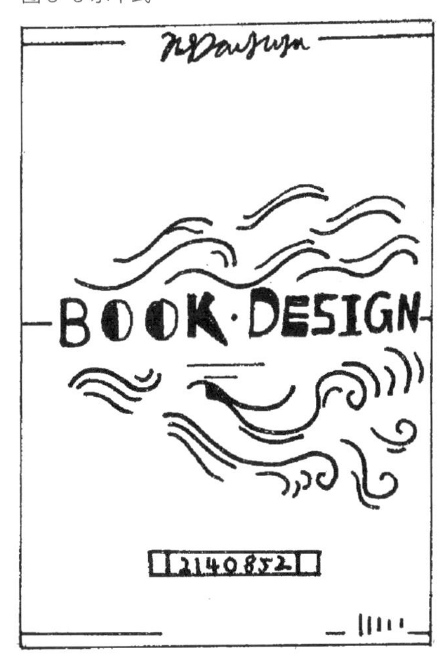

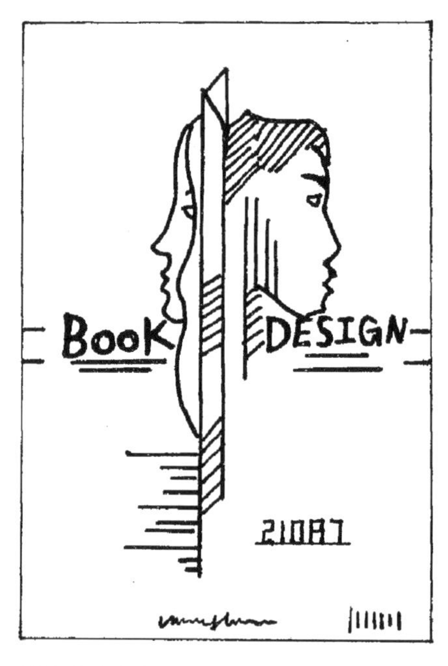

图 3-6 十字式

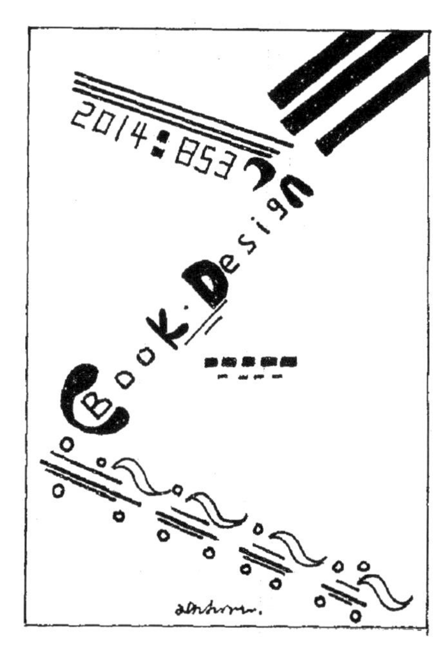

图 3-7 之字式

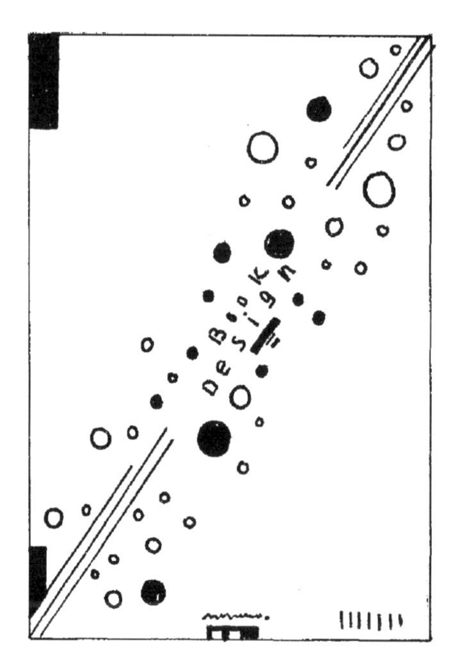

图 3-8 斜线式

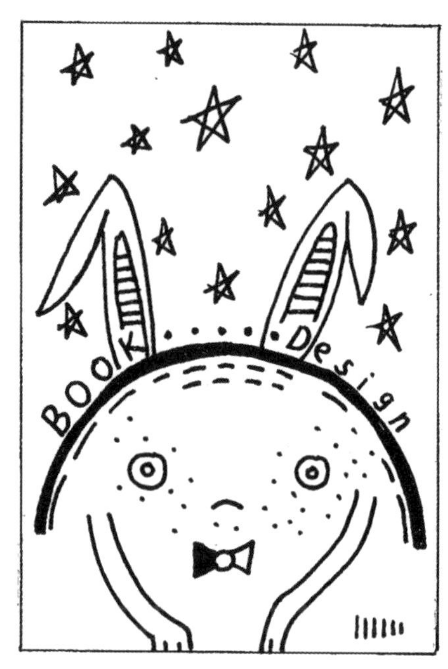

图 3-9 正弧式

图 3-10 反弧式

图 3-11 格律式

图 3-12 平行式

图 3-13 S 形式

格局的形式与书的内容相一致，不同内容的书籍应有与之相符的格局。

构图格局远远不止以上十种，各种格局形式可以相混，可以产生更丰富的多种格局形式，如十字式就是垂直式与水平式相叠而混成。格局在某种程度上就是封面的编排。

图 3-14《凯尔经》

2. 书籍封面艺术设计字体的视觉传递的优化

（1）字体是书籍封面艺术设计的重要环节

标明书题，应清晰鲜明，常被安排在视觉传递的第一层次。有的书籍除文字以外无形象，如鲁迅的《呐喊》之封面设计及钱君匋的部分书封封面设计，以字体形式及结构特点自成风格。

（2）书籍封面艺术设计字体的选择和优化

一般书题汉字以黑体、宋体、楷书、隶书、魏碑字体为主，在视觉传递过程中，较强势的字体造成较强的视觉冲击力，可将书名凸显出来，因此书体选择大号，作者、出版社等选择小号。

拉丁文字的书体多以罗马体、哥特体、方装饰线体、无装饰线体为主，分正体大写、草体大写、草体小写，书题字也应选择大号。

（3）书籍封面艺术设计字体的转换创新

①高科技时代电脑数字化手段的发挥

电脑的字体设计，虽然创造了视觉的奇迹，只有经过设计师的审美创造，才能将数字模拟的冰冷、僵硬转化为具有人性、灵气洋溢、情感鲜明的字体艺术形态。

现代字体设计的现代表现方法将在第四章的书籍内部艺术设计的视觉传达、字体规划与运用、字体设计应用于书籍艺术设计中进行介绍。

②历史上的书籍艺术设计字体的转换创新

中世纪具有强烈装饰感的凯尔特手抄本书籍，书内外的文字，不仅夸张了字母的大小、形态，并将字体与图案、绘画相结合，图文相融而不可切割，别具一格。（图 3-14）

卡洛林字体在书籍艺术设计史中独具审美价值，它直接来自凯尔特的衣钵，似乎带出了原有的海岛、原始渔业文化所独具的匠心。

卡洛林字体的劲健、圭角、力度应时代变化而更加庄重、强烈，信息量的加大，被广泛应用到证书、书籍艺术设计之中。（图 3-15）

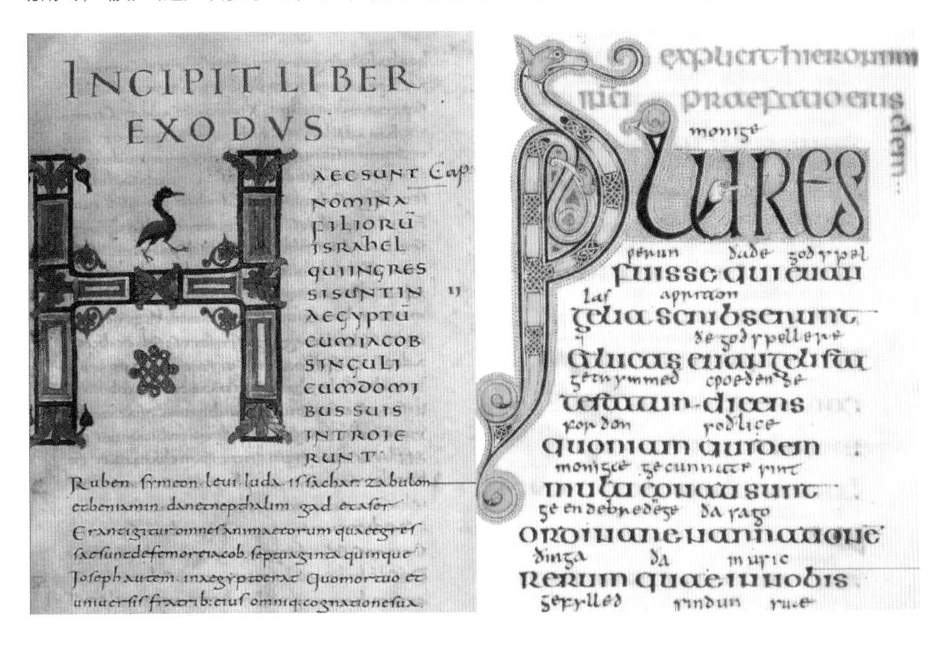

图 3-15 卡洛林书体

3. 书籍封面艺术设计图形的创新

（1）平面构成之图形创作

基本造型有自然形、有机形、无机形、偶发形。以遇合法创造新型。造型可用添加法、简化法、夸张法。从具象形、意象形、抽象形三条路径进行创新。（图 3-16、图 3-17、图 3-18、图 3-19、图 3-20、图 3-21、图 3-22）

图 3-16 自然形

图 3-17 有机形

美国·艾帮出版社
（象征出版）

英国·阿士维船舶工程公司
（象征螺旋桨）

德国·防止事故标志
（圆形代表事故，方形表示防止）

图 3-18 无机形

小撇丝法

泥点丝法

意笔法

图 3-19 具象形

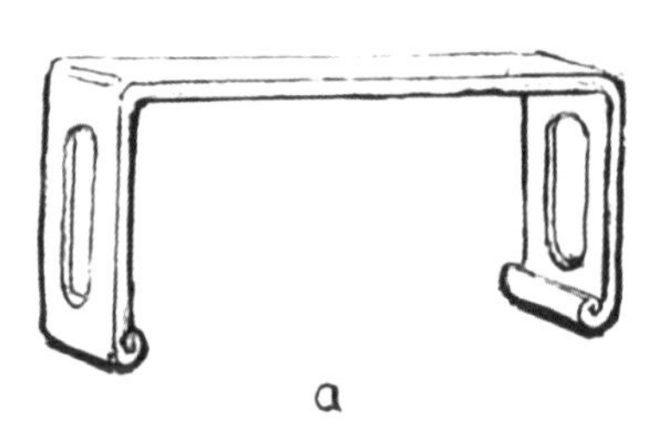

a

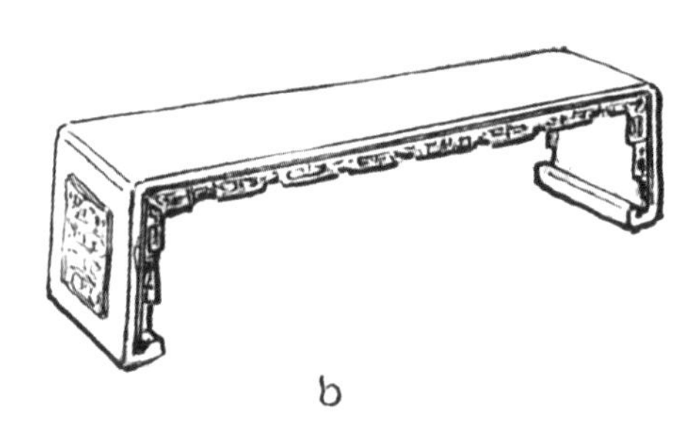

b

图 3-20 意象形（由书卷与家具造型相融而成）

图 3-21 偶发形（自然生成的形态）

图 3-22 抽象形

（2）吸收世界现代化艺术流派的精华，拓展造型的理念

立体主义对形象的理性解析和综合构成的理性特点成为图形创新的借鉴基础。未来主义开拓了第四维空间 —— 时间的表现，以完全抽象化自由地表现图形的结构，以基本元素组成新的视觉结构。如：意大利的马里内蒂为法国诗人阿波里涅设计的诗集，以文字排成喷泉式和下雨式，显示了图形的充分自由；达达主义以无序的自由、荒诞、非理性的自我意识影响了图形的创作，例如赫兹菲尔德和格罗斯合作，以反纳粹的立场，用线描黑白画加剪贴，创作了尖锐而刺激视觉的图形；乔治 · 格罗斯设计的杂志封面图形即为典型；超现实主义对于意识形态的探索和挖掘，丰富了视觉艺术语言，创造图形时，运用了象征、隐喻的手法，通过置换赋予图形超常的含义，使图形具有神秘、魔幻的意境。展示了新异的视觉含义。这一视觉语言的创造使图形的创新跃向新的文化层面。风格派认为视觉艺术有序的运动所达到的高度平衡，生命也存在于动态的平衡之中，抽象艺术反映了物象存在的本质。于是，简洁的几何化影响了图形视觉元素的极简，甚至只留下点、线、面。以严格的逻辑数学关系确定图形的结构与比例，形成清晰、有序、平衡的视觉流程。如德国的西奥 · 凡 · 杜斯伯格和维尔莫斯 · 胡札创作的《风格》杂志封面；波普艺术的强烈的色彩“拼贴”、丝网印刷进入新图形设计的领域。（图 3-23、图 3-24）

图 3-23 马里内蒂设计“阿波里涅诗集”喷泉式

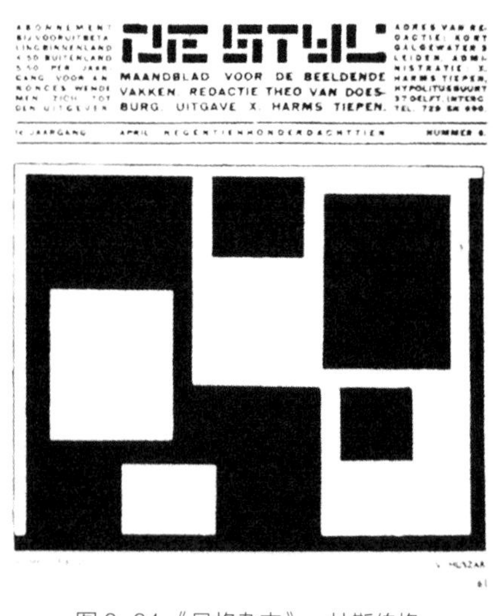

图 3-24《风格杂志》，杜斯伯格

（3）视觉大革命形势下对视觉超能力的发掘

当法国艺术家维克托·瓦萨雷里的光学艺术作品如《维加·帕尔》等以表现错视的现象，以平面构成手法创造了丰富而神奇的视觉效果，它满足了现代人对视觉冲击力的强烈要求，及把动感浮现于实际静止的形态之上的求异心理。（图3-25）

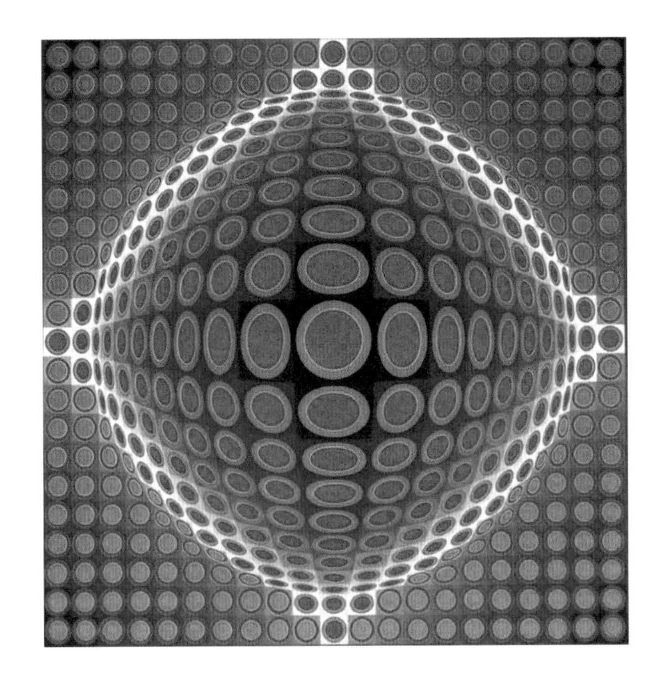

图3-25 光学作品

一个世纪以来，视觉精神物理学学者们长期关注着眼前刺激物，它刺激大脑产生感知，这两者之间关系何在？大脑的视觉区域的功能类别与机制怎样？有必要从视觉角度理解大脑进化过程中的自然生态条件，因大脑的半个区域都有视觉感知功能，在研究视觉的同时也应研究引起大脑视觉感知的刺激物。理论神经系统科学家以物理和数学为基础，点评着属于神经系统学上的理论新焦点，对大脑、身体、行为、感知的功能和结构进行探索。设计师对生物学和神经系统缺乏课题性研究，但对引起大脑的视觉感知的刺激物与大脑机敏的关系，必须要明白它们的意义，了解大脑进化到具有视觉科学中时视觉的超能力，创造视觉艺术的刺激物——封面的格局、字体、图形、色彩。在此，图形以它的新异、象征、符号性吸引视觉的注意力。

（4）书籍艺术设计封面图形对于民族传统和民间文化元素的吸纳

民族文化和地区本土文化的独特魅力，通过文化综合创意产业活跃在世界各种经济模式之中。中国民族传统和民间文化元素在封面图形的正确传承与创新上，在国内外已创造了独特的文化价值。传统、民间图形文化元素的提取，研究提炼作为内容或形式的提取，成为现代书籍封面图形设计的一种极大的应用，提升了现代设计的文化品质和民族精神。设计师在传统、民间的设计理念方法上深入思考，认识原本已是完整的一套体系的规律，发挥再创造的能力，使东方的设计理念与现代先进的创新方法相融合，使民族传统、民间艺术的造型美，纳入书籍艺术设计文化之中，得以延伸和拓展。（图 3-26、图 3-27）

图 3-26 中国传统民间风格的封面设计

图 3-27 外国传统民间风格的封面设计

（5）书籍艺术设计封面的图形错觉

书籍艺术设计封面图形是视觉传递书籍内容的主要方式，以不同方式表现不同内容和特点。一些设计师大胆追求科技书籍封面的现代感却应用了错视图形，常把心理学、物理学的光学和几何光学中的畸变现象刻画成简练而又美丽的艺术形象。这种书籍封面因为具有光闪烁之动感，能迅速抓住人的视线，而且能激发人的求知欲。封面以强烈的明度对比，内涵的运动感使读者产生兴趣，又被那种具有鲜明的科技性所吸引。读者不仅欣赏设计书籍封面的艺术美，还对科技书籍产生了阅读的兴趣。如《自然科学史研究》的封面淡黄色背景，出版于 1987 年，以熟褐色的经过日晒雨淋而剥蚀的木板衬着显赫的自然科学研究，反映科学家不断艰苦卓绝地探索自然科学研究的历史。另一本《自然史》，明朗的米色书封十分响亮，暖咖色调赏心悦目，构图格局清晰，宋体书题，十分庄重、大气，自然活跃的禽鸟站在充满生长活力的植物上。而在这些形象了的背景后隐着一篇篇专题论文，该书封面设计的意思表现力极佳，活跃的画面突破以往关于自然科学史研究的平稳庄重，增添令人喜悦的活跃气息。（图 3-28、图 3-29）

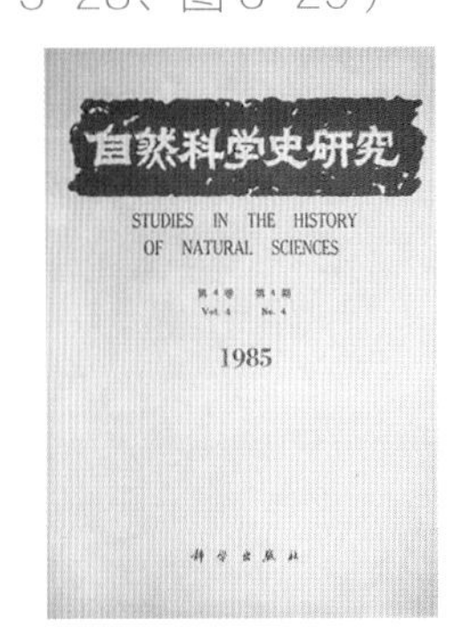

图 3-28《自然科学史研究》

图 3-29《自然史》

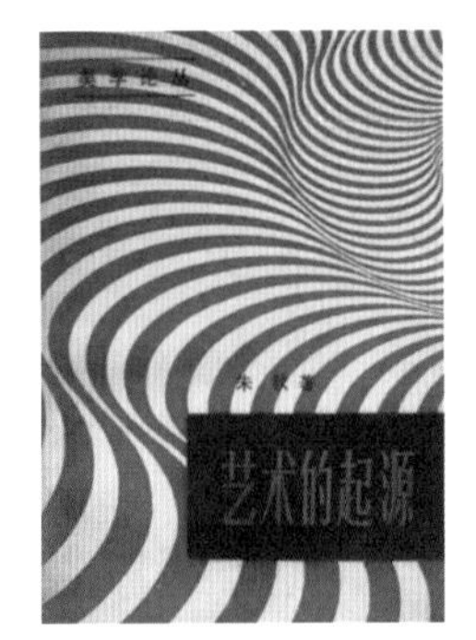

图 3-30 朱狄著《艺术的起源》

文艺理论书籍也有将错视图形应用于封面设计之列，如朱狄著的《艺术的起源》，以强烈的黑色与蓝色构成急旋的旋涡图形，它以均衡的运动线象征这激烈的思辨和争论，使读者进一步产生按某种逻辑探索并要求得到分析性结论和新的意念。思辨需要冷静地考虑，所以选用了蓝色而不是红色。（图 3-30）

图 3-31 张朋川著《黄河彩陶》

图 3-32 马克 · 常逸梓著《视觉大革命》

4. 书籍艺术设计的封面色彩应用

（1）书籍封面的色彩

具有传递书籍信息最直观的作用，并能达到文化性语境的显现，它使书产生了情调，是视觉传递的第一媒介。色彩使视觉迅速感知，引发心理效应，人的联觉及社会的经历给各种颜色赋予了文化内涵及象征意义，因此封面的色彩设计不但要完成传递书籍信息的功能，还要符合作为社会主体的心理和习惯。

（2）书籍封面色彩的特点

书籍封面的色彩应具有书卷气息，色彩应文雅和谐，区别于商业设计的强烈色彩，一般采取大调和小对比的配色。所谓大调和者指用同种色、类似色、含灰色、复色的色调。

书籍置于架上，与读者存在着视觉距离，色彩设计的面积、色相、纯度、明度等各要素变化与统一的关系，彰显出主色调，将书籍的内容、风格的信息传递给读者。

（3）书籍封面色彩的文化魅力

彩陶专家张朋川所著的《黄河彩陶》，封面色彩把握住黄土高原的主色调，地域色彩较浓郁，配上彩陶的基本色，显得凝重厚实，充分表现了黄河流域彩陶文化的历史渊源。（图 3-31）

马克 · 常逸梓著的《视觉大革命 —— 颠覆人类观念的

视觉大发现》，大面积黑色衬着五彩如太阳般的虹，书题是白色很有视觉冲击力，既对比强烈又统一调和，十分醒目。它具有文化的号召力。（图 3-32）

5. 文艺书籍封面设计实例与方法

（1）文艺书籍的封面设计实例

①刘绍荟设计《天方夜谭》封面

从文学形象转化为视觉图形，其设计手法值得分析学习，皇后的大半个脸经简化法处理发生了装饰性的变化，以假定性的寓意手法将讲故事的皇后额花处理成烛光，以蜡烛代替鼻子，使读者在封面上见到了智慧而美丽的皇后，联想到她为了对抗每日杀戮成性的国王，每晚讲一个故事使许多女人免遭厄运，封面具有戏剧性的神奇、幽暗。（图 3-33）

②章桂征设计《京华烟云》封面

以象征性表现了超以象外的内涵，以一当十进行，虚实对比。封面简练地展示着城门，一对五四时代的长衫男女立于门前，人力车向门内奔跑着。陈旧的红色城墙遮掩着街巷的烟云，演绎了京华社会的多元而神秘莫测的人文色彩，导致视觉系统的亢奋，产生眼的超能力现象，脑中涌现着逸然的遐想，并假设着人物的命运，使视觉被导入京华故城那悲情笼罩的历史空间，读者从封面上就感受到作品里的悲剧故事情节。（图 3-34）

图 3-33 刘绍荟设计《天方夜谭》

图 3-34 章桂征设计《京华烟云》

林语堂的小说《京华烟云》，反映京华几大家族三代人的悲欢离合，描述了从“义和团”到“七七抗战”的40年间中国社会的变化，有中年一代的没落官僚、军阀、地主、资本家在动荡岁月中的分化，还有 —— 青年一代进步觉醒地投入抗日的洪流。小说的京华风情十分浓郁。章桂征以象征性的设计语言将这部66万字的巨作绝妙地浓缩于书籍的封面。

③三毛散文集《雨季不再来》的封面

原著反映了三毛与西班牙青年荷西的爱情浪漫故事，封面设计将文学的形象通过艺术转化为视觉的艺术，以水彩化色，水化、化泪；水痕、泪痕斑斑，以雨和泪冲洗了心灵的尘埃，对于荷西为生计潜海而去世，三毛肝肠寸断。散文中三毛以自恋式、水仙自恋的主题，展开着苍白、忧郁、迷惘，充满对生命、自然、真理的执拗探索。三毛曾于细雨天泪流满面地奔跑在江南油菜花丛中，又满怀理想主义激情飞向天山脚下与西部歌王见面，似乎是为了寻踪“在那遥远的地方”歌中的牧羊女。当患有抑郁症的三毛辞世时，作家贾平凹痛哭了，三毛及她纯真的梦想、自然性情的美也随风而逝去……（图3-35）

设计师以虚化实，用融化寓意的视觉语言，十分模糊地近似云中看山雾中看花之手法，诗意的意境，那浅紫、浅蓝、浅绿，展示了青春和抑郁，那水仙般的洁净，而又楚楚动人的美妙心灵。

④《静静的顿河》

肖洛霍夫著的《静静的顿河》，封面上有着英姿的格里高利骑马立于顿河之边，与热情奔放挑着水桶准备汲水的阿克西妮亚互相地传情。两人在顿河的自然环境里，几经革命的风云变化，个人命运的悲欢离合。简练的手法将主人公刻画得十分生动，将文学形象深刻地表现出来。（图3-36）

⑤陶元庆为鲁迅的杂文《彷徨》设计的封面

以墨在橘黄色底上绘画，书封的右上角高悬着太阳，左侧三个征途中人暂坐于一椅，坐姿不同，仿佛在感叹：“日暮关乡何处是。”德国美学家曾称赞：“太阳画的极好。”以线刻画，表现出太阳的辐射，以及人物内心因彷徨而焦灼，象征着鲁迅为寻找真理而长途跋涉的坚韧精神。（图3-37）

⑥刘仁毅为散文《丽日南天》设计的封面

以黑色平涂顶天立地的三棵巨树置于封面半拉面积上，木棉树枝间透出清澈的蓝天，花是格外红。读者通过这呈黑色的树干，深刻感受到南国特有的情调，体会散文反映的地域夏日风情。（图 3-38）

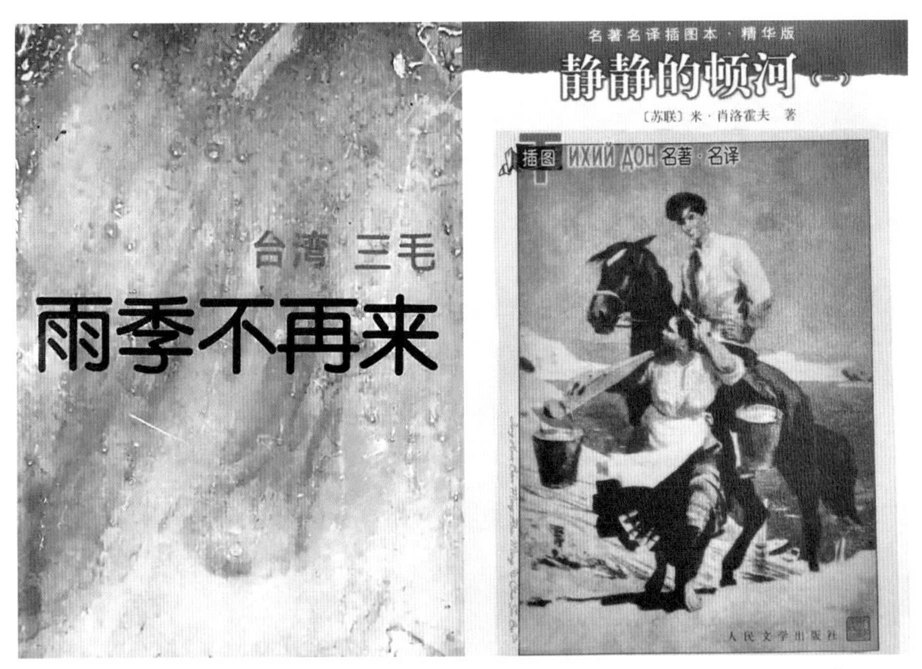

图 3-35 三毛著《雨季不再来》　　图 3-36 肖洛霍夫著《静静的顿河》

图 3-37 陶元庆设计《彷徨》　　图 3-38 刘仁毅设计《丽日南天》

⑦陈新为《安徒生的故乡》设计的封面

以蓝色的大海衬托着安徒生童话的主体 —— 美人鱼雕塑，不但具有象征性，还突出了文学形象的典型。精巧的小开本及立意之妙，产生了抒情韵味，符合原著的内容和文化气质。（图 3-39）

⑧赵家恒为爱里奇 · 西格尔的小说《爱情的故事》设计的封面

以嫩黄涂满封面，以墨线勾画出头发被狂风吹乱，仰望着无际天空的已逝女主角年轻的美好形象，男主人公被处理成垂头背向远去的悲哀之状，空间被狂风吹落的春天绿叶，两片绿叶十字相叠呈飞鸟形，这象征着一对青年恋人绝别，痛惜美好的生命……（图 3-40）

图 3-39 陈新设计《安徒生的故乡》

图 3-40 赵家恒设计《爱情故事》

（2）文艺书籍封面设计的特点

①文艺书籍封面设计与原作交融。

②从文学形象转化为视觉图形形象。

③文艺书籍封面设计是对原著的二度创作。

④文艺书籍封面设计以艺术形象传递了原著的文艺思想、情景、可视及不可视的文化内涵。

⑤文艺书籍封面设计通过视觉传递引起读者注意，使之产生对书的神往。

（3）文艺书籍封面设计的表现手法

①净面书法的表现手法。（如鲁迅、郭沫若的书，由自己书写）

②直叙情节的表现手法。（如书题《静静的顿河》之类的小说）

③精致纹饰的表现手法。（这类用于散文、诗歌、合集、文集）

④象征寓意的表现手法。（适用于：如巴金的《家》、鲁迅的《祝福》）（图 3-41、图 3-42）

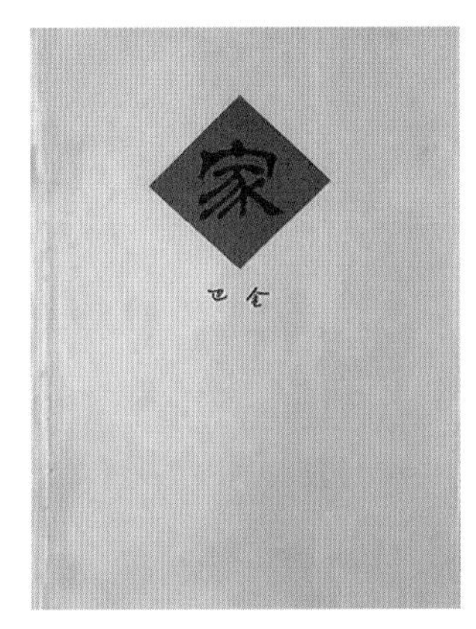

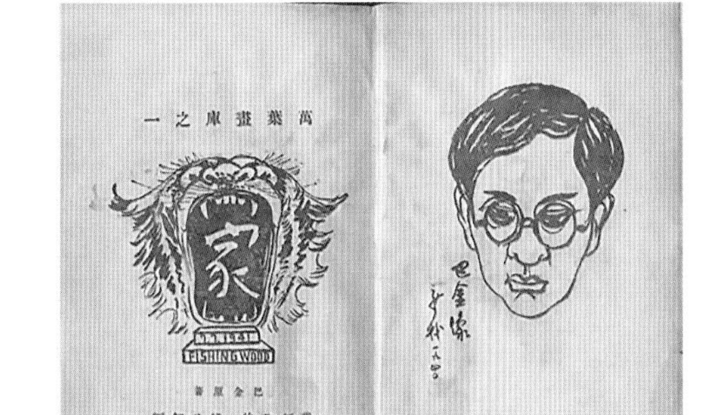

图 3-41 巴金著《家》

⑤意象性质的表现手法。（以超现实的创意，跨越时空的组构，体现奇异的原创思想）

⑥抽象性质的表现手法。（通过色彩、层次、几何性质分割、块面分割、线性描述作具形缺失的表现）

⑦图解说明的表现手法。（这种直接图解的说明方法表现力度十分有限）

⑧现代构成的表现手法。（以三大构成的原理和法则进行表现）

⑨合形式的表现手法。（以复合性的艺术形式，表现力度强）

抓住文艺书籍的以简约的艺术语言反映艺术类型，以本质内容表现文艺思想的深刻性，以高超的视觉传递手段表达高水平艺术性。

图 3-42 鲁迅著《祝福》

6. 理论书籍的封面设计的实例与方法

（1）范一辛设计的《论冯特》封面

采取了避实就虚的手法，从概述的理论层次上去提取文化元素，用抽象的手法反映学术理论的观念倾向。作者从黄、紫、蓝三条颤抖断续有致的剥蚀线，环绕成三个透视的圆圈，它象征着冯特的哲学态度之机智。设防的心理倾向，总是善于跳跃，从这方面迅速地转移到另一方面，仿佛雀鸟在地上蹦跳。三个圈的抽象表现恰好是冯特的学术特点。（图 3-43、图 3-44）

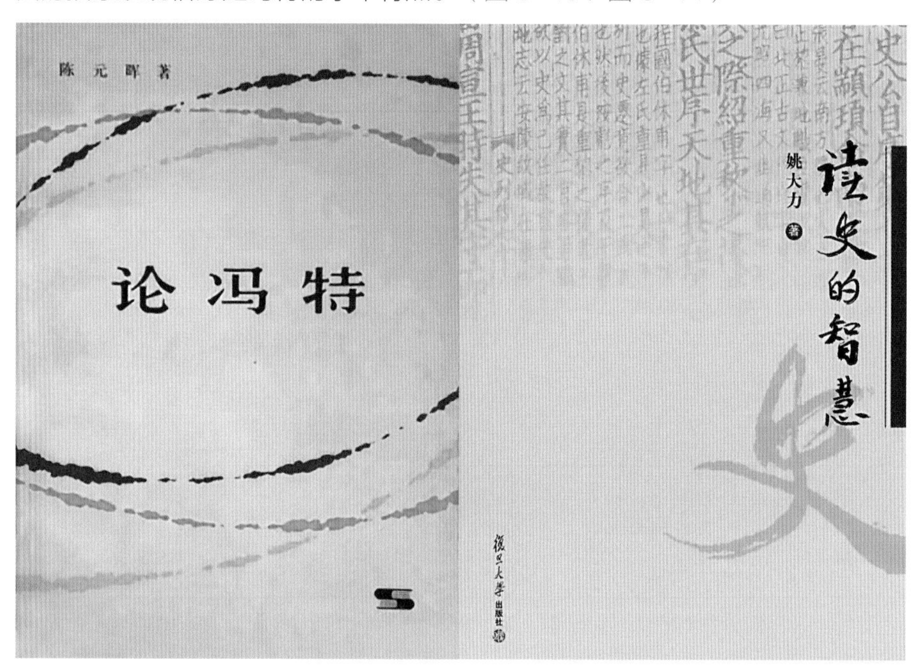

图 3-43 范一辛设计《论冯特》　　图 3-44 陈萍设计《读史的智慧》

（2）陈萍设计的《读史的智慧》封面

此书是历史、人文书籍，设计师以黄色作书封色，用浓书法字体作书题竖向排列，以赭石色赋线装饰勒口。封面自上而下用放大的书法淡灰有虚实变化地衬托。（图 3-44）

黄色封面上，放大的书法体使字呈偏暖的深黄，而上半部的书法体《古文记载》字体偏冷复色，由清晰逐变成隐没，在复旦大学出版社字样之下加有一小枚红色阴刻圆形印章。封底则是没有书题的反复，在中心位置上加上古朴的汉瓦当拓印。

该设计体现了书的历史性质及深刻的人文内涵。

（3）王芳为张朋川著美术考古文萃《黄土上下》设计的封面

厚重的暖色黄色作底展示了地域性本色，封面以白色为书题，衬以赭石，再以深褐色作“美术考古文萃”及右下的神人纹彩陶罐，同样深褐的左下“山东画报出版社”一排小字在封面上起平衡作用。

此书是彩陶专家张朋川的优秀论著，封面选用马厂中期的“神人纹”彩陶，封底选用的“人面鱼纹”。原著作者学养深厚，由美术学、考古学深入到考古史与美术史，兼用考古类型的方法深入研究历史。（图 3-45）

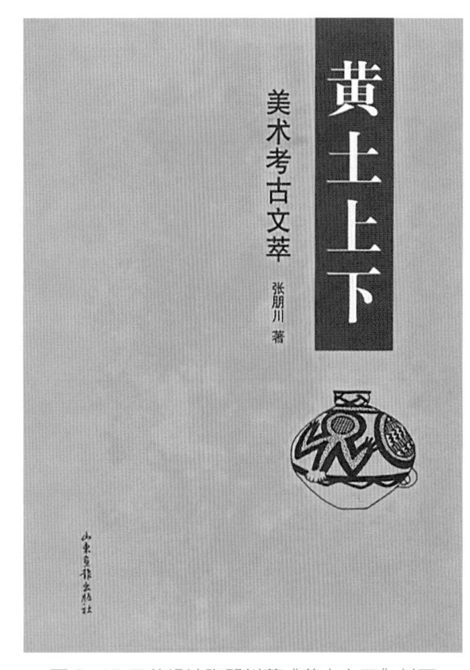

图 3-45 王芳设计张朋川著《黄土上下》封面

《黄土上下》是作者从事美术考古学的研究论文之结集，运用了考古类型学研究方法，科学的研究对原始艺术、汉晋壁画、陶瓷艺术、中国书画起源等课题进行了言之有物的深入研究。为美术考古学、美术史学、设计艺术学的研究，提出独特的见解。

7. 科技书籍封面设计的实例

（1）实例

①《漫话新兴遗传学》的封面设计，把表示两个基因的简单符号加以美化，组构成一个问号，形成装饰性较强的图形，展现了相遇的两个不同的基因，通过装饰美预示暂不明确的结果。（图 3-46）

②《概率 · 统计》一书的封面设计，设计师把几个大小各异的圆形相套，以红线贯之，用红、黑、紫相间，拼音字母由大到小，产生动感，该组形象贴切地表达了“概念”“统计”的科学内涵。（图 3-47）

③《头脑战略 —— 创造型人才的思维技巧》的书封，是以电脑绘制了与人脑相似的虚幻图形，将它置于由几何线性构成的头部轮廓之中，造型的虚幻，似又不似，产生

朦胧的效果，却真实地把“头脑战略”“思维技巧”的核心本质表达出来，实现了具象欲达而不能的效果。（图 3-48）

思维是抽象无形的，却又以具象似的手法表现，它是艺术转换的另一个侧面，科技书的许多选题都是抽象的，就封面设计而言，应尽可能地逼出形象，

图 3-46《漫话新兴遗传学》

图 3-47《概率 · 统计》

图 3-48《头脑战略——创造型人才的思维技巧》

图 3-49《科学思想史》

使画面具有美感在视觉中借“物”予以传递， 采取了云中看山、雾中看花的虚拟手法，呈现出难以捉摸的科技之美。

④《科学思想史》设计师在封面上以矢向的箭头象征着思想的抽象性，既看不见又摸不着。而人类的科学思想史属时空概念，几乎无法成像，这一极为抽象的内涵，作者却巧于立意，以一个中心点用辐射式，长短不一，方向各至的箭头，象征着各历史时期人类对于科学的不同思想发展。这种简练而概括的图形，却表达了人类科学思想史的壮阔，有丰富深奥的文化内涵，颇具诗意，使人回味无穷，印象极其深刻。（图 3-49）

（2）总结科技书籍封面设计的特点和手法

①科技书籍封面设计的特点

科技书籍封面设计，是以艺术图形的创新，附之艺术形式的表现，融入科技元素并具有艺术的感染力，以一定的趣味性引发联想。通常以象征、引申、比喻、抒情的艺术语言，去反映不同科学类别和特别的科技内容，可以创造出美妙而神奇的形象，具有科技内涵，学科性格的鲜明，意境深邃，产生诗意的艺术感染力，引发读者探索科技奥秘的兴趣。

②科技书籍封面设计的方法

A. 构思的立意深刻与丰富

书籍封面的创作，重在立意，根据科技书的内涵，以简练而新颖的手法使科学的思维活跃在广袤的宇宙空间。

B. 科技形象的转换

科技的学科内容多半是抽象的和不可视的，封面设计过程中，要善于将抽象的具体化，也可将具象的抽象化，将不可视的变成可视的。以纵横驰骋的思维突破常规的时空，发挥创造性，以现代抽象的艺术造型的变化方法，重现科技形态的真实性，完成由科技的不可视转换成具有艺术魅力的视觉形象，它体现了科技文化本质的真实性。

C. 视觉传递的快节奏

由于科技思维空间的辽阔，思维方向的多变，反复探究复杂性的思维，有纵向思维、横向思维、辐射思维、逆向思维所造成的跳跃性。正如人们所说：“科学的节奏是急行军。”科学书籍封面设计应体现科学发展的明快跳跃性的节奏感，适宜用鲜艳而理智的色彩，优化视觉上的分量感。

D. 科技书籍中的图表借用

书中的图表不应简单直接搬在封面上，应在原图表上进行二度创作，使之增加设计的元素，提升原图表的文化品质，促其具有某种意味及审美价值。

E. 科技书籍封面应有广告性

这里所提升的广告性是指文化为主体的广告宣传，它具有书卷气息。图书是社会的精神产物，也具有商品的一般特性，参加市场的竞争和流通销售过程中，以外包装吸引读者，因此一般书籍和科学技术皆应该重视视觉传达的效率。广告的优势在于通过视觉传递，造成强大的视觉冲击，科学书籍封面设计也应适当而合理地考虑、借鉴广告的手法。在市场竞争中取得优势，但不可庸俗地削弱文化，一味倒向市场。

F. 强调现代感创造科学美

现代科学书籍的封面设计由简练、概括、跳跃性反映了现代感的精神面貌。以丰厚深刻的立意、艺术的巧妙转换、跳跃性的节奏，吸收广告性，合理、巧妙综合运用，发现并创造科学美。

图 3-50《黑猫警长》

8. 儿童书籍封面设计的实例

（1）实例

①《黑猫警长》

《黑猫警长》是一本受读者欢迎的儿童书籍，封面设计以完整的造型、明朗的色彩、构图的单纯取得了视觉传递的优势。封面上的黑猫警长形象十分可爱，一副勇敢的样子，颇受广大儿童的喜爱。封面浓缩了书的内容，几乎每一个儿童都知道黑猫警长抓老鼠的故事，它也成了家长教育儿童的一个典范。（图 3-50）

②《1.2.3. 木头人》

《1.2.3. 木头人》是幾米作品精选之作，封面上三个木头人的动态有别，中间的坐着，左腿呈 90 度，右腿僵直呈水平线状，右臂以 30 度倾斜向上，左臂以 30 度下垂；其右侧的木头人立着，弓起右腿，左腿直立，右臂平举，左臂以 45 度下摆；左侧的一位双腿呈八字，双臂斜上举。三人一个脸谱样式，木偶似的僵直动态，封底上的木头人来三个大劈叉腾跳，憨乎乎地平展着双臂，脸上的小丑玩偶表情。变化的动态形成画面节奏感，滑稽的姿态语言，与读者产生欢愉的互动。

正如有人介绍的那样：“《1.2.3. 木头人》，幾米画笔一弹，那些小人儿、小猫、小狗、大象、狮子、企鹅们……全都不动了，那些欢声笑语唰地一下统统跑进书里去了，这书让我们见证了一场时空魔法，在真实世界里不经意的浑然天成以及在虚幻世界中任性的畅快的奔腾。”

有人说，打开书时，请屏气凝神，因为领衔主演的木头人们，正用你听不见的声音彼此招呼着：“1、2、3、来玩喔！”（图 3-51、图 3-52、图 3-53、图 3-54）

图 3-51《1、2、3、木头人》封面

图 3-52《向左向右》

图 3-53《森林唱游》

图 3-54《森林唱游》

又有人说："这书的书名其实叫作《Do · He · Mi · 木头人》也很合适，因为书中隐藏的音乐。就画面安排而言，起伏流畅的连续音符之后，有些长短不一的休止符，连续音符有长短，有光明，有黑暗，有欢笑，有忧伤……"至于休止符的节拍，也视读者目光停驻时间的长短而定，就连休止符也有它自成的表情，作曲家以此为本，想必能谱出动人的"乐章"。

幾米是绘本作家，原名叫廖福彬，代表作《向左向右》《森林唱游》，反映了儿童及少年心中、眼中的世界，善于用对比的方式表现特定的情景。如《向左向右》封面上直接画出男孩向左，女孩向右，总是反向不遇的故事。在《我的心中每天开出一朵花》中幾米表现的是：一朵真挚的花，一束优美的花，一把神奇的花。越读越有力量，反复观看，愈觉得心花朵朵开。神奇的话犹如快乐咒，魔法师就是幾米。

《照相本子》幾米糅合了许多种记忆元素，欢乐的，忧愁的，哀伤的……但这些记忆经过翻转进入书中，我们看到的已经不是幾米直接的记忆，而是经过转折后的动人魅力。（图 3-55）

图 3-55《照相本子》

幾米的封面设计具有童话式内涵，受众面广，连成年人也在其读者群内。作为漫画诗人，使儿童故事充满了哲理性，封面充满童趣，反映儿童、少年的心态，与大自然进行爱的对话，是用儿童的心灵和眼睛观察、描述世界。

幾米给了儿童一片美丽的天空，让成年人唤回了童年。幾米的作品中跳跃着孩子的心灵，在《森林唱游》中，孩子与大自然无比亲近，几乎使人见到孩子与花草呢喃，与动物融为一体。鸟巢中鸟妈妈的双翅搂抱着两只小鸟，展开书本讲故事："仔细听好，小宝宝，我们才是真正会飞的，不要去理会那些风筝、气球、滑翔翼和天灯，那只是不会飞的人发明的玩具。至于那长了翅膀，可以上天堂的人，他们的数量非常稀少，不用害怕。"幾米为孩子展示了母爱无比亲切的动人情怀。

幾米的笔下小孩举着球在森林中撒欢，一条巨大的鱼在林中畅游，空间似有水在流动，地上的草也在跃动，似乎孩子的心就在这欢乐的森林空间中自由地搏动。

幾米会告诉你："月亮回家了"，他说："那些神奇的故事，难道都忘记了吗？那一夜你偷偷抱着月亮，送它回家，你们爬上高楼，越过大桥，翻过森林，月亮终于回家了。世界突然温暖起来，星星也感动得闪闪发光。昏庸迷糊的大人，总是需要勇敢的小孩来解救，虽然他们永远不会承认。"幾米就是能用最孩子的语言，向孩子说最贴心的话。他的画诠释了最可爱的孩子话。

（2）儿童书籍封面设计的特点

①儿童书籍封面设计服务的对象是儿童，符合儿童心理、理解力。传播对儿童教育的信息，是帮助孩子心灵成长的伙伴。

②儿童书籍封面设计以写实与夸张相结合，强调造型的夸张（形态、尺度、动态）。以人格化、拟人化的儿童故事语言，使儿童看得懂，完全贴近儿童的生活，走进儿童的心灵，深受儿童喜爱。

③封面的形象具有亲切、完整的特点。形象不叠加，形象可爱而有亲和力，利于与儿童互动。

④儿童书籍封面的设计，将中国动画片中民族的元素融入设计，如对《三个和尚》《哪吒闹海》《大闹天宫》的借鉴。（图 3-56、图 3-57、图 3-58）

图 3-56《三个和尚》封面 与动画片截图

图 3-57 动画片《哪吒闹海》《大闹天宫》

图 3-58 动画片《大闹天宫》

（3）儿童书籍封面设计的表现手法

①造型要求

儿童书籍封面设计的形象应亲切、可爱，性格鲜明，帮助儿童认识善与恶、美与丑，如《黑猫警长》就在封面上树立了黑猫警长的英雄形象，黑猫警长之可爱，田鼠之可憎，形成正面形象与反面形象的强烈对比。

②色彩要求

儿童书籍封面设计的色彩必须鲜艳、明朗、欢快、美丽，才能符合儿童的心理要求。一般选用白色、饱和的颜色画底，多用软色、暖色，印刷时可用贴塑，保护封面，可以擦去灰尘污渍，还能使色彩永驻。

③构图要求

儿童书籍封面设计的构图，应该格局单纯而鲜明，形不叠加，以平视体构图为准则，产生剪影效果。构图的形式活跃而亲切，典型的虹式或木马构图所引起视觉的亲切、舒畅、欢乐之感，如儿童玩木马，坐安乐椅一般，构图自有灵活性，不宜严肃、呆板。

儿童书籍封面设计：要用儿童的爱心和儿童亲切地说话。

五、期刊艺术设计

期刊是传媒的一类，与其他传媒之比较，期刊自身别具一格的艺术设计格外吸引人们的视觉注意力，受到人们的重视。因为期刊出版具有连续性，各部分内容比较独立，阅读的时尚性、设计的传承联系，附加大量的插图、装饰，载入广告，故形成了个性独特、设计语言鲜明、表现形式新颖的特色。

1. 期刊的文字设计

期刊字体设计，包括字的形态和字的书体。字体设计中，应考虑以视觉传递迅捷为目的，必须强调字的结构，字体的确定。字体设计是期刊的最重要的表现形式和构成元素，从创意至各元素的经营均与字体联系在一起。设计师设计刊名、目录、标题等字体，使各自表现出鲜明的不同艺术风格。对于期刊的编排设计之视觉规律、形象、构成、版芯皆离不开字体的设计，依常识和规律即能把握住字体设计应用于期刊的效果。

2. 期刊的色彩设计

期刊设计的视觉效果之成败直接取决于色彩关系。期刊的色彩应用必须重视期刊的特性，期刊一般阅读周期短，适合用鲜明的色调。色彩变化与统一的两种方法，一种是色彩的大调和与小对比，即是用类似色或同种色构成总的统一色调，而在局部加上对比色，使这种色调稳重厚实而含蓄。若采用补色的大对比，利用调和的缓冲色，如金、银、黑、白使补色（红绿）得以缓和，此类大对比小调和的处理方法，会产生强烈、响亮的视觉冲击力。如果强调色彩的明度对比，层次明显，视觉效果格外明朗，易抓住视觉注意力，适当地处理好色彩的纯度关系，使色彩的饱和度有强弱对比，使纯度低的色彩产生稳定平和之感，而高纯度的色彩显得活跃有运动感。处理好色彩的色相、纯度、明度关系，以美妙的色彩关系吸引读者，使之产生选读的决心。

3. 期刊的插图设计

插图不仅是期刊构成的重要部分，而且还是期刊中最富魅力之处，常常是插图使人爱不释手。插图的形式丰富，一般有摄影图片、绘画、书法、金石篆刻、电脑作图。摄影真实、具有时效性、直观；集绘画艺术性强、有灵活性、各画种之优势；水彩的透明轻松、速写的简练生动、版画的归纳和对比性，优秀的插图必是期刊的亮点。

由于时代的进步，技术和材质的不断创新，现代期刊具有着高超的表现力和视觉传递的张力。

期刊设计者应具有极佳的多种专业技能，文化修养较足、较强的艺术素质，能以新的理念迅速接受新事物、新科技手段，努力探索、拓展期刊艺术设计的方式，才能创造出优秀的新设计。（图 3-59、图 3-60）

图 3-59
当代期刊“创刊号”

自由譚
創刊號
30cm×23cm
1.15.1929
北大文學
第一輯
創刊號
北大文學會刊行
觀察
創刊號
26cm×18.5cm
華光
創刊號
乾坤
創刊號
乾坤出版社發行
17.5cm×15cm
天地
創刊號
天地出版社發行
珊瑚
1.
小說月報
創刊號
郵典
THE CHINESE PHILATELIC CLASSICS
PUBLISHED BY THE CHINESE PHILATELIC SOCIETY
SHANGHAI CHINA
中華郵票會刊行
Vol. 1. No. 1.

图3-60 老期刊“创刊号”

六、介绍八位书籍艺术设计家

1. 陶元庆

早年留学日本，精于国画，其设计的书封构图新颖，色彩明朗，具有形式美感。（图 3-61、图 3-62）

图 3-61《坟》

图 3-62《故乡》

2. 鲁迅

中国现代书籍艺术设计的开拓者和倡导者，极重视对国内外书籍艺术设计的研究。受鲁迅的影响，中国产生了一批融贯中西、极富文化素养的书籍艺术设计师。（图 3-63）

图 3-63《海上述林》

3. 丰子恺

既是漫画家又是散文家，还是音乐家，其漫画式的封面设计作品具有较强感染力。（图 3-64、图 3-65）

图 3-64《爱的教育》

图 3-65 漫画“儿童时代”

4. 叶灵凤

集作家、翻译家、收藏家、画家、书籍艺术设计家于一身的叶灵凤毕业于上海美专。1925 年加入郭沫若、成仿吾等主办的创造社，设计多张封面，还曾给图书插图。其情趣丰富，多次创刊、办报，能将民俗与自然科学结合，成为掌故风物的典范，亲切、平易的文风，以盎然的文化趣味吸引了读者。

叶灵凤酷爱版画，不但是藏书家，他创作的精品藏书票已成一绝。创作社主张对艺术本质的把握，艺术的表现不应是再现。其画风虽然受到日本蕗谷虹儿和英国比亚兹莱的影响，叶灵凤创作了大量具有浪漫主义、唯美风格的书籍封面和插图。其风格鲜明的大量作品为中国近现代书籍艺术设计史留下了极为重要的遗产。

叶灵凤为半月刊《洪水》，完成全面的书籍艺术设计和编辑工作。又与潘汉年合编季刊《戈壁》，为之设计封面、绘制插图。以其设计的《幻洲》《万象》《创造社》为例，足见叶灵凤之叶流风格和文化素养之丰深。（图 3-66、图 3-67、图 3-68）

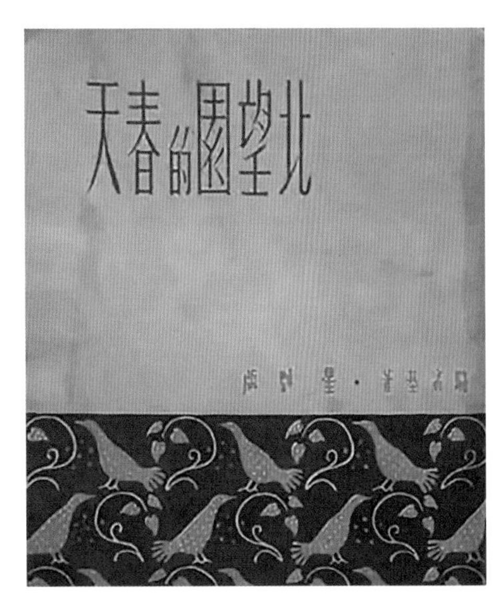

图 3-66《北望园的春天》

图 3-67《噩梦录》

图 3-68《世界科学名人传》

5. 庞薰琹

庞薰琹是画家、艺术设计教育家。曾留学法国，一位诗人式的学者，代表着艺术与设计的世界前沿最高水平。他是学贯中西的学者，总能迸发出艺术的激情，横跨着美术和设计两大领域，文化视野辽阔，心性高远，艺术修养精深，兼容美术学与设计学，始终倡导大文化、大美术的艺术教育方向。

庞薰琹以诗人的秉性学习钢琴、小提琴，后赴法考取巴黎美术学院，却又走进了装饰学院，颇受现代艺术影响。但法国美术批评家对其说："不该局限于巴黎现代画家的制约，更希望你能回中国吸取营养。"这一建议成了庞薰琹回国共创"决澜"社的最初动因。

作品"如此巴黎"，表现了庞薰琹对现代艺术的赞赏。20 世纪四五十年代赴贵州调研少数民族艺术，参与创建了中央工艺美术学院，认定中国必须发展自己的现代艺术。

庞薰琹是融合现代与传统的大艺术家，其艺术创作思路宽广，基础深厚，创作了大量西画和中国画，还有一批中西合璧的杰作，如"如此巴黎""如此上海""花瓶""春""小憩""橘红时节"等。其为许多书籍进行了艺术设计，如《诗篇》《壮族》等，作品面貌独特，构思奇巧。

庞薰琹设计的《傅雷家书》初版封面，其以简洁的线条自然地勾出傅雷的头像，又画上了一支有弹性的鹅毛笔，以示傅雷写的家信。洁净的白色底衬，明快的寥寥几笔，尽显设计的素描功底，使傅雷的形象栩栩如生。再版时，庞薰琹重新设计《傅雷家书》的封面，傅雷的形象消失了，衬底改成蓝色，那支鹅毛笔变得劲健，颇有力度地弯曲着，飘过蓝色海洋上的鹅毛笔是洁白的，它象征着传递家书的傅雷品格之高贵。傅雷是翻译大量法国 18—19 世纪文学作品的著名翻译家，曾与庞薰琹同赴法国留学，友情弥笃。庞薰琹对傅雷的家书之理解十分深刻，为它进行了二度创

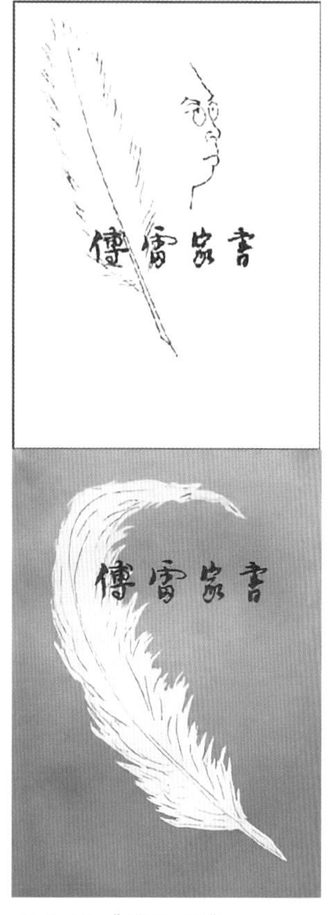

图 3-69《傅雷家书》

图 3-70《诗篇》月刊

作，使读者从外部视觉的传递过程中深化了对书的印象。（图 3-69、图 3-70、图 3-71）

图 3-71 庞薰琹艺术作品

6. 曹辛之

首位荣获“韬奋出版奖”的设计家，其书法、篆刻造诣极深，又是优秀的诗人。其与穆旦等九位诗人之作合集《九叶集》被列入国家现代十大诗歌流派之一，在中国文学史上获得了一定的成就。书籍艺术设计作品富有诗意，颇具典雅隽美之气。其杰作纷呈、绚丽多姿的设计作品有突出的民族特色，书籍艺术设计散发出浓郁的书卷气息。参加历届全国书籍艺术设计大赛，荣获十多项奖。1959 年由他主持设计的《印度尼西亚共和国总统苏加诺工学士、博士藏画集》，在德国莱比锡国际书籍艺术设计博览会上荣获金质奖章。其不但重视弘扬民族传统文化，也注重吸取西方现代艺术的表现技巧。（图 3-72、图 3-73）

1985 年《曹辛之装饰艺术》作品集问世，其作品精致、高雅。出版家王子野评论：“首先是非常注重整体设计，刻意追求意境美、装饰美和韵律美。所有这些要求又都同民族性、时代性结合起来，而这个结合又都要具有勇于不断创新的精神，他的作品给人以淡雅、明丽、清新、挺秀的印象。总的说来，他的作品书卷气比较浓。”（图 3-74、图 3-75、图 3-76、图 3-77）

曹辛之的作品具有浓郁的书卷气和隽永的诗意美，并主持关于书籍艺术设计的研究，时有重要的专业论文发表，影响了业内人士对于书籍艺术设计的积极思考。（图 3-78、图 3-79）

图 3-72 曹辛之设计《九叶集》

图 3-73《苏加诺总统藏画集》

图 3-74《曹雪芹》

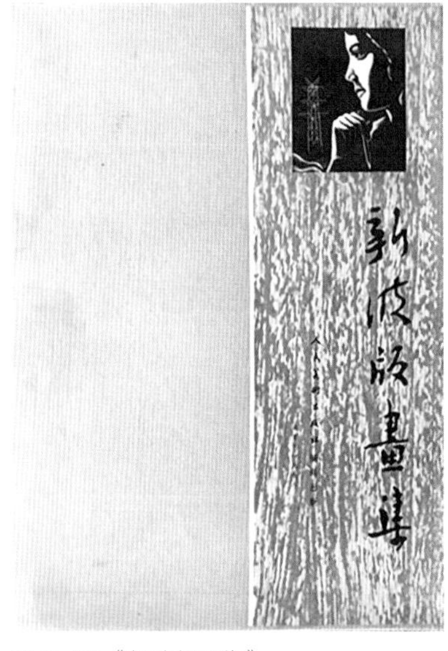

图 3-75《新波版画集》

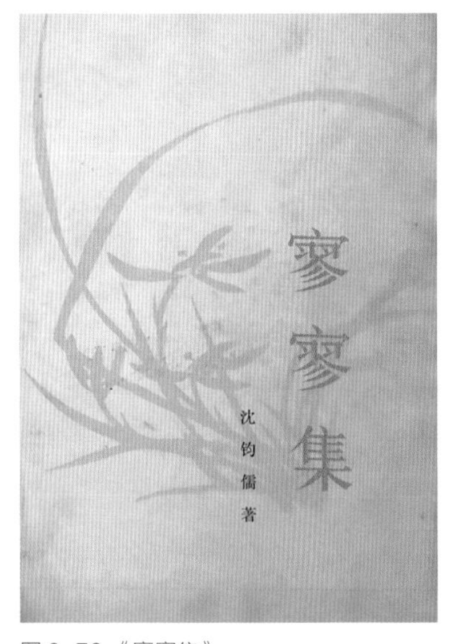

图 3-76《寥寥集》

图 3-77 曹辛之书法

图 3-78《郭沫若全集》

图 3-79《日记三抄》

7. 钱君匋

集音乐、绘画、书法、散文、诗歌等多种才华于一身。兼攻篆刻，初师吴昌硕、赵时棡，后宗赵之谦，融入六国钱币、镜铭、碑版，遒美典雅，自成一家。特擅作巨印及狂草长跋。

大写意花卉，取法陈白阳、吴昌硕、齐白石。擅画芭蕉、山茶、红梅、松柏、葵荷，笔墨雄峻而不霸悍，墨彩浑厚而清新，画路开阔，晚年仍有创新之作。（图 3-80、图 3-81、图 3-82）

图 3-80 钱君匋书法

图 3-81 钱君匋国画

图 3-82 钱君匋金石

书法作品，取诸体之长，行楷清新刚健，饶有碑意；擅汉隶，融汉简于己书，健拔秀逸，劲健超群。兼判印鉴，品味高雅精深。

1927 年秋，拜见鲁迅，凡有新书出版，鲁迅皆请钱君匋做艺术设计。他先后还为沈雁冰的《小说月刊》、叶圣陶的《妇女杂志》、钱智修的《东方杂志》、周予同的《教育杂志》、杨贤江的《学生杂志》担任艺术设计。因艺名之高，各书刊接踵以钱设计书衣为荣，获“钱封面”之美誉。

抗战时，赴长沙编辑《大众时报》，翌年与巴金等创办文化生活出版社广州分社，后转沪创办万叶书店，1956 年在沪建上海音乐出版社，任副总编。曾应邀赴美国、加拿大、日本等国家讲学及举办画展，1978 年任西泠印社副社长。1987 年将其所收藏的 4083 件书画、印章、印谱、陶瓷、铜石及个人书画、印章、书籍艺术设计作品捐赠给国家，建桐乡君匋艺术院，造福桑梓。

钱君匋认为书籍艺术设计不是雕虫小技，不仅要求形式美观，还要求能够烘托表达作品思想内容，强调色彩的和谐、纯朴，不但要对比强烈，也应重视民族特色。更要以单纯、明快的笔调来表现中国现代特有的乡土风味。

钱君匋认为书籍艺术设计应有浓郁的书卷气息，具有内在感情，要有曲折、隐晦，不应成为低级图解，应引人入胜，爱不释手。艺术设计使书更加精美，要高度概括书的内容并转化为形态。

他为巴金的《新生》设计以小草从石缝中强行伸展发芽，寓意新生之意；为沈雁冰的《雪人》设计，中心放在“雪”字上，以雪花变化符合书的内容，又极具装饰之美。（图 3-81、图 3-82、图 3-83）

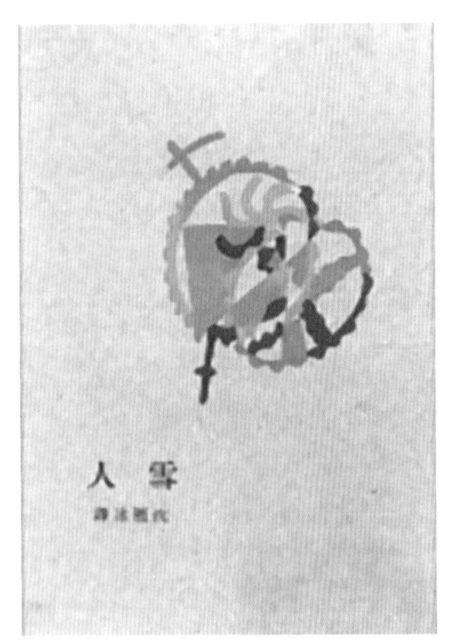

图 3-83《雪人》

图 3-84《深巷中》

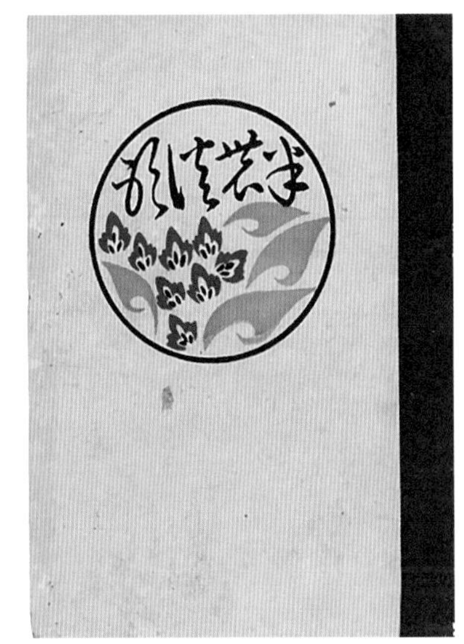

图 3-85《半农淡影》

钱君匋的书籍艺术设计有东方的中国气派，古为今用，取法中国古代铜器石刻纹样，从古代优秀绘画、书法、工艺品及服饰中的造型、结构、色彩、线条转换、融会化合到创作之中，成为现代的有民族特色的书籍艺术设计作品。

钱君匋为鲁迅的大部分作品设计了封面，风格独特，不仅绘画功力强，还善于从书籍艺术之外求设计，其诗文、中西绘画修养皆高。另外，还有司徒乔以钢笔画技法进行设计，陈之佛以古典图案作封面设计，显得古朴浑厚；张光宇和张正宇皆以传统版画加变形的设计风格，郑川谷的设计大胆而洗练，装饰味浓，莫志恒的作品淳朴浑厚；丰子恺的封面设计具有漫画意味，颇有诗性的幽默；曹辛之的作品蕴藉优美，有诗意、梦境，是优秀的民族风格。

钱君匋才艺全面，艺兼众美，在书籍艺术设计、书法、篆刻、绘画、音乐、诗歌、散文及收藏鉴赏、艺术评论、教育、编辑、出版等各方面都有杰出的建树。其代表作有：新诗集《水晶座》，散文集《战地行脚》；抒情歌曲集《摘花》《金梦》《中国名歌选》《口琴名曲集》；书画篆刻作品集有《长征印谱》《钱君匋书画选》《中国玺印源流》《民间刻纸集》《君匋书籍装帧艺术选》《赵之谦书画集》《瓦当汇编》。从 20 世纪始，他为鲁迅、茅盾、巴金、陈望道、郭沫若等大家的作品进行了书籍艺术设计，蜚声于设计艺坛。

钱君匋的篆刻、书画上溯秦汉玺印，下取晚清诸家精髓。艺术风格有吴昌硕的老辣，有赵之谦的浑厚、飘逸，有黄牧甫的清隽、平整。可谓疾书骎骎，鹤立印坛，名烁中外，是诗、书、画、印融于一身的卓然大家。

钱君匋有“钱封面”之称，声誉鹊起，穷于应付。丰子恺等人代为订制《钱君匋装帧润例》在杂志上登载：“友人钱君匋，长于绘事，尤擅装帧书册。其所绘封面画，风行现代，遍布于各店的样子窗中及读者的案头，无不意匠巧妙，布置精妥，足使见者停足注目，读者手不释卷。近以四方来求画者日众。同人等本于推扬美术，诱导读者之旨，劝请钱君广应各界嘱托，并为订画例如下：封面画每幅十五元，扉画每幅八元，题花每题三元，全书装帧另议。一九二八年九月，丰子恺、夏丏尊、邱望湘、陶元庆、陈艳一、章锡琛同订。附告：1. 非关文化之书籍不画；2. 指定题材者不画；3. 润不光惠者不画。收件处：开明书店编辑所。”可见“钱封面”盛名之一斑。

钱君匋集众家之大成，融合成自己的书籍艺术设计语言。（图 3-84、图 3-85）

钱君匋设计了四千多种书刊，早期与陶元庆作品近似，后吸纳日本文化元素，又借鉴欧洲现代派艺术的手法（未来主义、立体主义、构成主义）。以中国文化的书画、篆刻为本，与外来的文化相结合，形成多元文化的设计风格，深层次隐含着传统视觉文化的精髓，含蓄、隽永、简练、大方；受五四新文化思想启迪，与世界文化新潮同步，设计的构图、色彩、造型皆能别开生面，新意迭出。近代，其设计倾向于极简，十分洁净而工整，线条精致，色彩典雅，达到老而弥坚、澄净明朗之境界。（图 3-86、图 3-87、图 3-88、图 3-89、图 3-90）

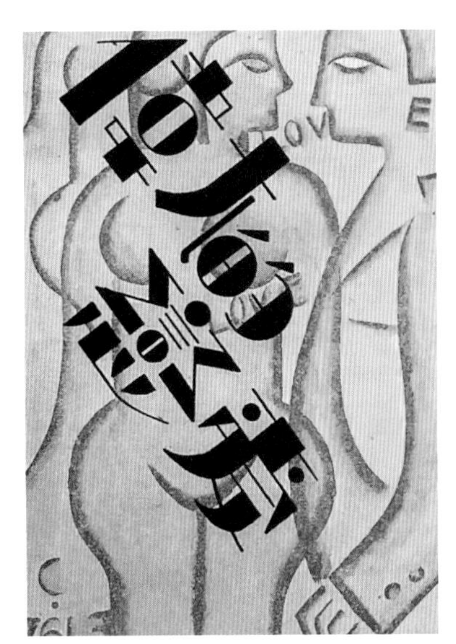

图 3-86《伟大的恋爱》

图 3-87《古代的人》

图 3-88《中原的蛮族》

图 3-89《欧洲大战与文学》

图 3-90《死魂灵》

中国近代著名书籍艺术设计师以曹辛之、钱君匋二位大家为表率，他们个人的文化学养高深，技艺全面，在美学的高度上，擅于将书籍本不相同的文化元素集中调配使之融合，自然地协调出无法言说的美所平衡了的总体统一的设计，它包括：设计书籍的内外形态、尺寸、装本、结构、文字、造型、色彩、材质、编排、节奏、韵律等。中国民族的文化气息和跃动点在他们的作品中才有集中的可能，而中华文化的优美本质就潜藏在这一复杂而又丰富的层面之下，却又能被恰当地展现文化的本质面貌。

8. 吕敬人

现代著名书籍艺术设计师插图画家吕敬人提出："设计的宗旨是为书籍进行整体的视觉设计(Book Design),即打破以往只为书做表皮封面打扮的框框，贯之以编辑设计为主导，注入由表及里的设计，书籍内容的整体视觉信息把握和书籍五感之阅读感受的设计理念。在书卷文化、传统气韵与现代视觉表达之间寻找一个准确的切入点，即‘不摹古却会色浸东方品味，不拟洋又焕发时代精神’的定位。"

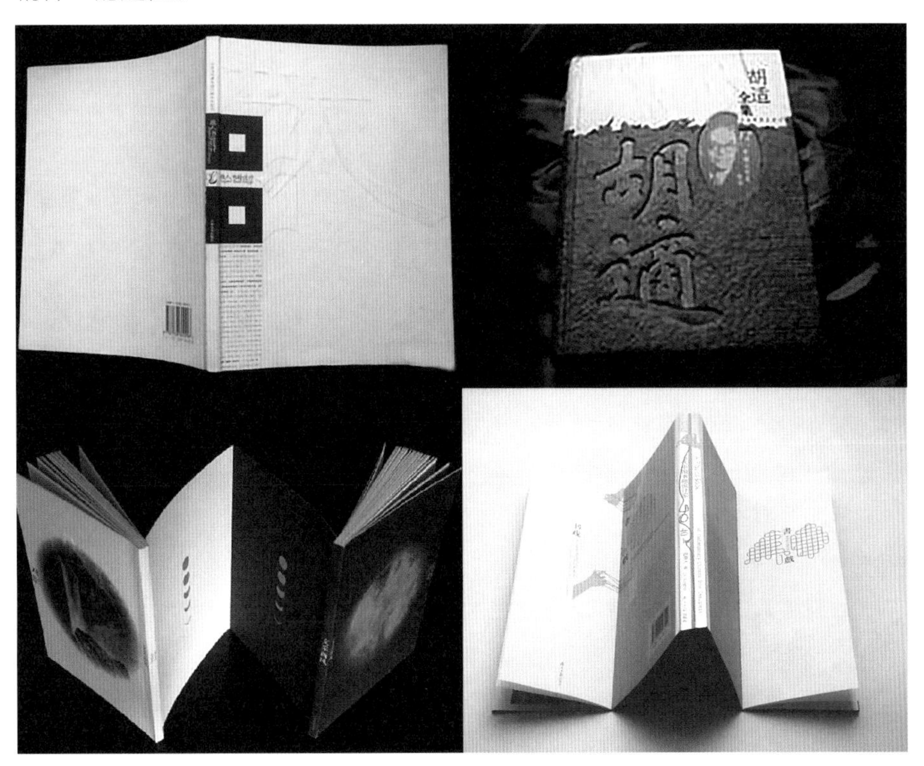

图 3-91
吕敬人书籍设计作品

吕敬人的书籍艺术设计作品在海内外多次获大奖，被列入对书籍艺术设计五十年产生影响的十人之一，2000 年获中国十大杰出设计师奖。其获奖代表作有《设计图例》《生与死》《中国民间美术全集》《黑与白》《北京民间生活百图》《中国书院》；编译作品有《菊地信义的书籍艺术》《当代日本插图集》《注入生命的设计 —— 杉浦康平的设计世界》《敬人书籍设计》。他不仅是获大奖专业户，还是先进而优秀的书籍艺术设计专业教师。他认真负责地提醒大家，要认识什么是好书，要在创造不可思议的概念同时，牢记书籍艺术设计应学以致用，便于阅读。在精神情感交流过程中，书籍艺术设计具有人文性，使表现的对象完美，应把握住六大准则：1. 可视性；2. 可读性；3. 愉悦性；4. 整体性；5. 归属性；6. 创造性。（图 3-91）

图 3-91
吕敬人书籍设计作品

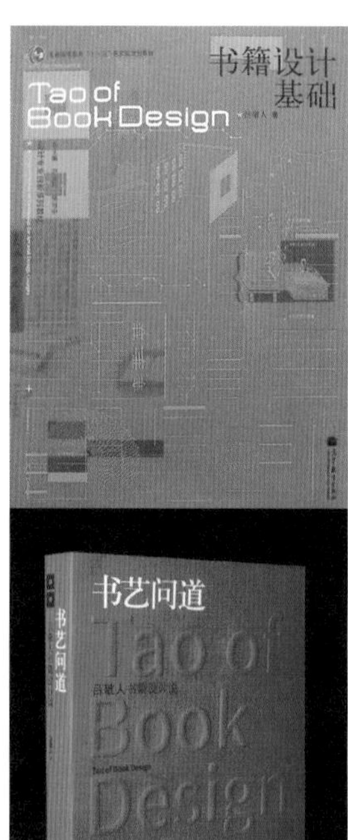

第四章 书籍内部艺术设计的视觉传递

一、书籍内部的结构

1. 环衬与扉页

若把整部书比作大部的交响乐，正文犹如乐章，那么环衬、扉页、前言、目录、篇章、首页皆可纳入序曲之中。当阅读书籍打开书封，面对的是环衬，其后是扉页，它们在书籍的简册形式的赘筒及卷轴装的褾，逐步演化形成了以封面作大门的第二道门。

（1）环衬和扉页的特征与价值

环衬犹如剧场的大幕拉开后的又一道幕布，它的色彩恰好是封面的对比色，导入视觉，是视觉流程的转换过道。能使读者的阅读心情良好，提升阅读兴趣。

环衬可设一页至两页，有前环衬和后环衬，颜色有白色，也有单色，通过设计，环衬页的色可由深往浅喷色而成，亦可通过设计加上线绘或含蓄的影绘，而且色差较弱的页面，完全是陪衬的角色。

扉页相当于建筑的第二道门或是女儿墙（院门对着的影壁），扉页上与封面类似地安排着书名、副题、著者、译者、出版社，它是对于整个书籍审美要求不可缺少的层次，从封面向正文视觉转移的一个合理过渡，丢失了则就不能贯气。

（2）环衬和扉页的艺术表现

环衬和扉页的艺术表现从构思、图形确定、构成格局、色彩安排的审美艺术形式与封面设计是一致的，但是在整体设计的节奏处理上是有区别的，封面设计属重节奏，而环衬和扉页设计属轻节奏。因此它们的设计层面上，图形、色彩、构成格局的份量都应轻一些。只从封面设计中提取某些相关联的因素，不必深化地表现，构成格局更加单纯，色彩简单而浅淡。某些设计则将封面加以拷贝，只是简化色彩的层次，使扉页具有亲切的轻松感，对于封面，扉页是虚化的页面，有审美的意蕴。

环衬页的装饰设计可以进行精微而含蓄的图形设计，比如中国出版过翻译版本的法国文学作品，莫泊桑的《漂亮朋友》之类的书籍，环衬上通页皆是细致的装饰图形，颇具视觉美。

2. 目录与前言

紧接扉页，在正文之前，安排目录和前言页。

（1）目录与前言的目的

为阅读便于检索所需内容，书籍目录必须编排正确而清晰，应从篇章、节等内容的顺序编排，并要注出相关的页数，引导查阅。

前言页是说明该书的出版价值、目的，介绍书的特色等，一般不加任何装饰，只是安排合理的字体及字号，版面编排合宜。

（2）目录编排设计的创新

①目录中轴式 —— 借鉴影视演职员表设计，中间确定一条空心轴，由它向左右两侧延伸，中轴部分齐一，由于目录各项字数不一，自上而下出现了左右不对称的变化排列形式，将页码置放在标题之上或之下，此编排生动有序，形式优美。

②目录阶梯式 —— 将目录各项相错，呈现阶状排列。

③目录与图形组合式 —— 将目录各项与图片（小型）编排，使之直观。

3. 书籍内部的正文设计

（1）正文设计的构成

书籍内部的正文设计由编排设计和插图设计构成。

（2）正文的编排设计

正文的编排设计即是版式设计，它主要能解决版心的构成格局，拣选字体、确定字号、字距、行距、划分栏之间文字及图与行距的原则规定，还包括书眉和中缝、天头和地脚页码、注释与纹饰设计。另外是插图设计（后面有详细介绍）。

（3）正文中的版心设计

①中国传统版心设计 —— 中国文人与书互动，常在书上批注，故传统线装书的天头大于地脚。正文版心页上部必预留出较大的空地，以备文人批注。

②现代国际版心设计 —— 强调视觉中心的视觉差问题，设计中细微处理文体与边口的合理比例，将上边口留相当于下边口两倍的尺度，外边口也是里边口的两倍宽度。若将版心加上边口再分成九分，版心占 6/9，边口占 3/9，利于阅读。当代的书籍编排十分重视科学性，按视觉规律及读者心理要求，将版心设计的尺度适宜，使视觉流畅而舒展。为了扩大视觉效果，往往放大插图，达“出血”程度，充分发挥版心的可利用面积，加深了视觉印象。

（4）正文版心设计的尺寸

现代国际书籍艺术设计对边口的尺寸要求，一般规定书籍四个边口的比例是：版面的订口应为 25 毫米，天头 30 毫米，地脚 30 毫米。

4. 书籍内部设计的字体确定

（1）拣选字体

即应用及审美的需要，把握字体的形态、结构和字号的大小。国际上有专门为某一本书设计字体之例，比如 19 世纪工艺美术运动主将威廉 · 莫里斯特别为《乔叟诗集》专门设计了“乔叟字体”，又为《特洛伊城史》专门设计了“特洛伊字体”。

汉字的创新设计远比拉丁文字复杂，不易创出一套新的字模，汉字具有特殊的结构规律及字群组构的整体视觉美。（图 4-1、图 4-2）

图 4-1《乔叟诗集》

图 4-2《特洛伊城史》

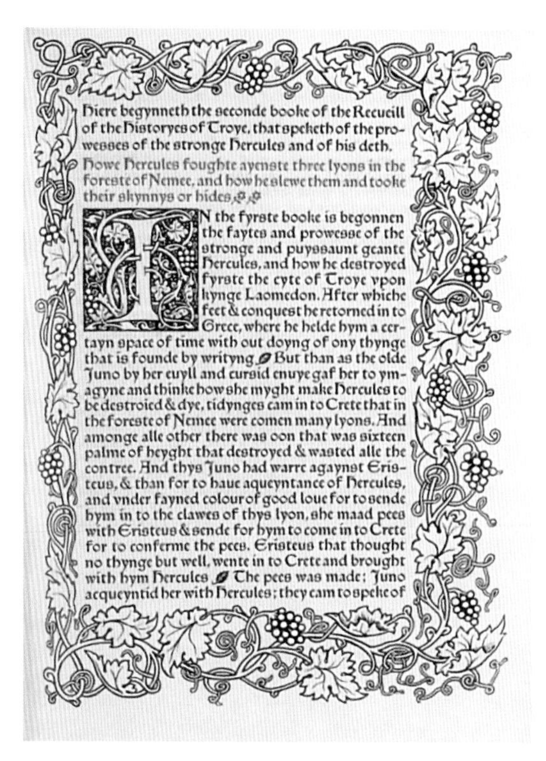

Hiere begynneth the seconde booke of the Recueill of the Historyes of Troye, that speketh of the prowesses of the stronge Hercules and of his deth.

Howe Hercules foughte ayenste three lyons in the foreste of Nemee, and how he slewe them and tooke their skynnys or hides.

IN the fyrste booke is begonnen the faytes and prowesse of the stronge and puyssaunt geante Hercules, and how he destroyed fyrste the cyte of Troye vpon kynge Laomedon. After whiche feet & conquest he retorned in to Grece, where he helde hym a certayn space of time with out doyng of ony thynge that is founde by writyng. But than as the olde Juno by her euyll and cursid enuye gaf her to ymagyne and thinke how she myght make Hercules to be destroied & dye, tidynges cam in to Crete that in the foreste of Nemee were comen many lyons. And amonge alle other there was oon that was sixteen palme of heyght that destroyed & wasted alle the contree. And thys Juno had warre agaynst Eristeus, & than for to haue aqueyntance of Hercules, and vnder fayned colour of good loue for to sende hym in to the clawes of thys lyon, she maad pees with Eristeus & sende for hym to come in to Crete for to conferme the pees. Eristeus that thought no thynge but well, wente in to Crete and brought with hym Hercules. The pees was made; Juno acqueyntid her with Hercules; they cam to speke of

（2）书籍内部设计的字体

楷体 —— 书籍正文中楷书印刷体具有中国文化神韵。在过云楼古籍善本中有着丰富的藏书，楷体比比皆是，显得敦厚秀美，能引起视觉注意力，视觉舒展，有典雅的中国气息。因接近于手书楷体，尤感亲切、真实，宜作学术论文的摘要等部分。（图 4-3）

宋体 —— 明代宋体字已形成横细竖粗见方的老宋体，比古宋体更加严整和程式化，特具力度，利于辨识，字体笔画高度清晰，视觉传递效果极佳，适合做标题，益于视力。（图 4-4）

仿宋体 —— 仿宋体呈长方形，横竖笔划一致，整体笔画较细。仿宋体清秀纤柔，字群组成一片时，使视觉有轻松感，宜作古籍及注释说明。（图 4-5）

黑体 —— 黑体呈正方形，多运用于标题，放大的黑体字具有力度，有强大的视觉冲击力。若缩小联成字群时，则模糊不清，因为较粗的笔画拥挤着，产生着张力，笔画在视觉扩展中相互干扰。（图 4-6）

（3）书籍内部设计的字号

运用于印刷书籍有大小不同的型号，以印刷文字的大小尺度之分类，电脑印刷、电脑制版的编排有固定的统一规范，国家有统一的字号规定。由实用和

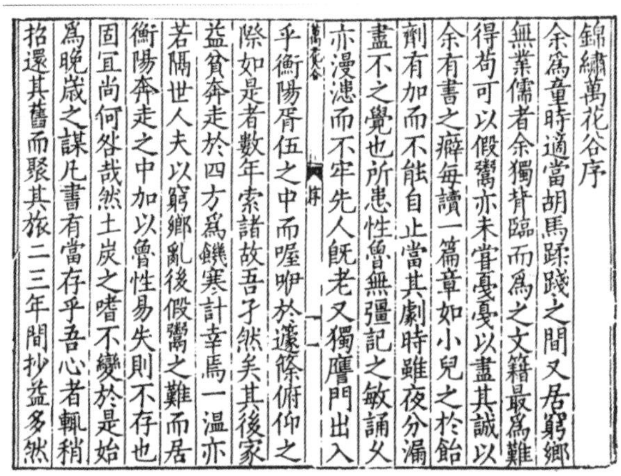

錦繡萬花谷序
余爲童時適當胡馬蹂踐之間又居窮鄉
無業儒者余獨背臨而爲之文籍最爲難
得苟可以假鬻亦未嘗戛戛以盡其誠以
余有書之癖每讀一篇章如小兒之於飴
劑有加而不能自止當其劇時雖夜分漏
盡不之覺也所患性魯無彊記之敏誦久
亦漫滮而不牢先人既老又獨膺門出入
萬花谷 序 一
乎衡陽胥伍之中而喔咿於籧篨俯仰之
際如是者數年索諸故吾子然矣其後家
益貧奔走於四方爲饑寒計幸焉一溫亦
若隔世人夫以窮鄉亂後假鬻之難而居
衡陽奔走之中加以魯性易失則不存也
固宜尚何咎哉然土炭之嗜不變於是始
爲晚歲之謀凡書有當存乎吾心者輒稍
招還其舊而聚其旅二三年間抄益多然

图 4-3 楷体字

察 身 而 心 力 矜
不 敢 诬 遭 患 难
奉 法 令 避 死 见
容 私 尽 贤 居 其

图 4-4 宋体字

造有神之字
传中华文化

图 4-5 仿宋体

造有神之字
傳中華文化

图 4-6 黑体

审美之需，将字号按大小顺序分为七个级别，就是从 1 号到 7 号，再从每一级分出一个小字号，小于 7 号的几乎少见，但大于 1 号的被定为初号和特号。

儿童读物不同于一般书籍，用略大的字号。成人阅读的书籍宜用 5 号或小 5 号的字。

（4）书籍内部设计的正文行距

作为书籍内容的视觉传递，文字间组构的视觉版面，字行之间的距离宽度应大于字之间的距离，行距使字群之间有透气的空档，合理安排行距使视觉效果呈优势，字里行间松紧合宜，符合视觉特点。

5. 书籍内部设计正文的行宽和分栏

（1）行宽

行宽由书籍开本的尺度决定，也根据视觉流程中的视域范围影响了行宽。它的科学根据是适合视域的行宽应在 80-100 毫米，能安排 22-27 个 5 号字。而行宽限于 126 毫米以内，按这尺度可排 34 个 5 号字，若过于超出这一限度，阅读时头部大幅摇动即会晕眩。

（2）书籍分栏

分栏不宜超过三栏，行窄会造成过多的换行，亦会使人视觉疲劳。32 开书版不必分栏，大多学术类 16 开本的书版也同样不必分栏。但休闲书籍和期刊为满足多元化的需求，多半是将书版心分出 2-3 栏，为使栏之间贯气，则采取以图录及通栏标题打破栏与栏的生硬分界，即谓之跨栏式，能给读者带来兴趣和观赏价值。

（3）文字版面设置的样式

通过书籍艺术设计确定了文字版面的样式，直接关系到书刊版式编排的水平，而版面的大小、长宽、形状、位置、装饰都是构成格局及产生相应视觉效果的要素。

版面形状以长方形居多，方形和不规则矩形次之。文字版面的位置是以 1:

1.6 的比例安排于书页上。也可打破常规，将文字与插画相融于版面。

6. 书籍内部设计正文的书眉

（1）书眉的构成

书眉传递了书名、篇章、节、题目等信息，为读者提供阅读的相关信息，利于迅速查找所需的内容。

（2）书眉的艺术表现形式

在文字信息处略加装饰，如用点、线、面等几何简单形，符号式地点缀，也有配上图片。书眉常用一些变化的字体，色彩宜灰色调，使书籍增加经典性，一般单页码上的书眉标识出篇章、节之标题，双页码即标识书名。

7. 书籍内部设计的页码

现代的书籍艺术设计往往将页码置于书边或页眉之处，不仅以常规数字标出页码，而且还将页码附之于纹样，对阿拉伯数字或数字与纹样的组合体加以美化。

创新的页码设计样式较为丰富，页码编序始终坚守规律。扉页、目录、前言不设计页码，由正文起始顺序计数。

8. 书籍内部设计的注释

作者对书内文章所引证的内容之来源，或对一些特别的词藻、论点作出说明和诠释。一般将注释安排在页下、文章之后、结尾处，用比正文小一号至两号的字进行编排，用黑线隔出一行之距离。要求注释的符号与书内总体风格一致。

二、与国际接轨的网格化编排设计

1. 编排版式的概念

编排版式设计的作用，犹如阅读过程所享受的由视觉引发到听觉的同感所产生的音乐美，它具有节奏和韵律感。编排版式设计即是书籍或期刊中的文字、装饰及插图，按一定的形式进行版式的编排设计，它适合视觉需求和审美的感受，并与现代书籍形态特征相符。

2. 编排版式的构成要素

书刊的版式编排是构成形式的表现，以点、线、面为构成要素经组构编排的版式，以达到表现书的内容。

（1）点

不同字号、字体与群化之中，及小型图录，都可作为点来对待，各种不同号码的字是不同大小的点，不同字体的字，有深浅之分，于是视觉上就获得了大小不同、深浅不同的点。

（2）线

由不同字体、不同字号相连成直线、弧度、折线、曲线，还可以连成深线、浅线，由不同字体连线、构成深浅变化有致的线。

（3）面

由几何概念出发，将字体、字号连成的线并置构成视觉上的灰面，由于字体、字号的不同，并置的面就有深浅变化，连线间有行距，线的多少影响了面的大小。各种插图和装饰图形也被视为深浅不同的面。

3. 编排插图版式的方法

（1）图文编排版心的形式

正文的版心被插图占满，应注意与之相邻的页面上的文字面积相同，处理这类单页插图，控制图之间的节奏联系，建立字号与图的平衡、疏密得体，满足读者阅读的期待和审美需求。

（2）图文编排同栏的形式

正文页面上的文字行宽与插图的宽度相同，俗称为通栏式，应将图安放在版面下方或上方，使图文分明，视觉清晰易辨，版面较为明朗平稳。

（3）图文编排散置的形式

插图在版面上的变化位置，保持与前后页面图录的有机联系。在书籍艺术设计的整体统一安排下处理好插图的面积大小、外形轮廓形态、在版面的合理位置。

（4）图文编排占角形式

可将插图安排在版面的四角之任何一角位置上。应调整好变化的版面与总体设计的和谐关系。（图 4-7、图 4-8）

图 4-7 图文编排占角形式

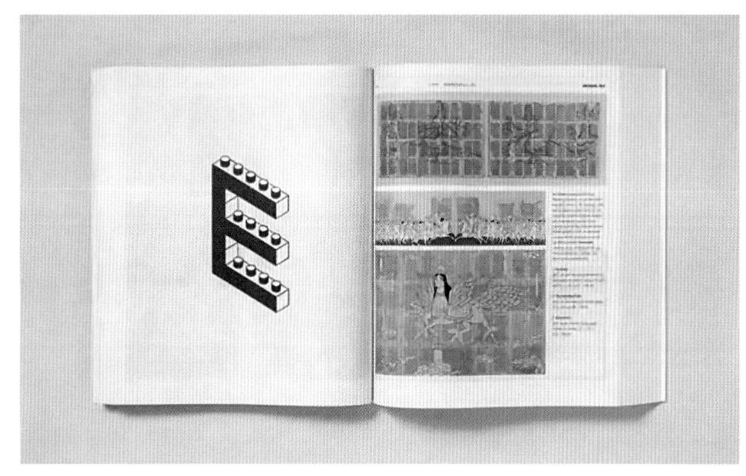

图 4-8 图文编排抵边形式

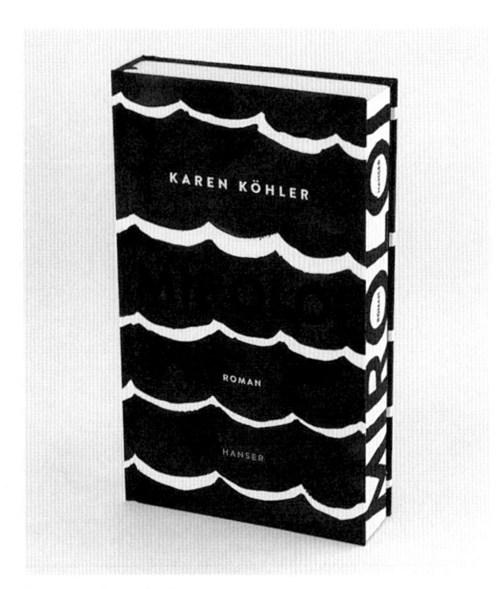

图 4-9 出血方式

（5）图文编排抵边形式

一般将插图都安排在版面靠书口外侧之处，插画已突破版心，仍能留出适当的书边空白。16 开本的书适合采用这一编排方式。（图 4-8）

（6）图文编排出血方式

图片的一边、二边、三边与书边对齐而不留书边空白，它能超出视觉范围，产生空间延伸之感，充分利用版面，使版面大方而扩展。（图 4-9）

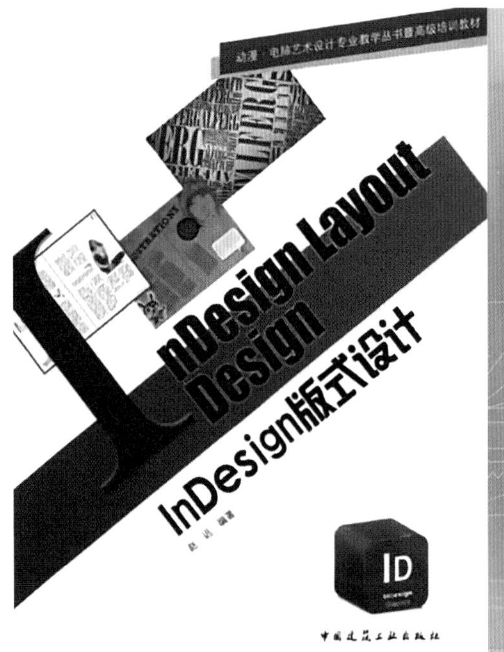

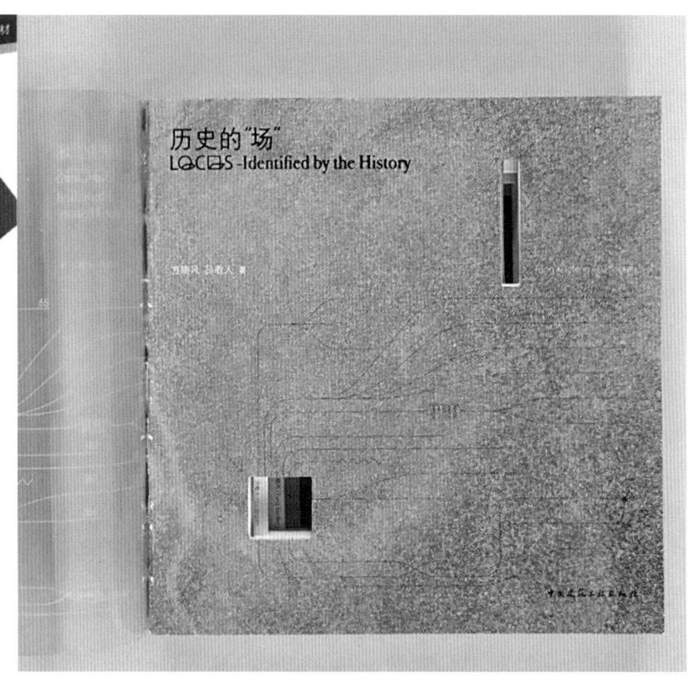

图 4-10 自由形式的编排

（7）图文编排自由形式

以对角、流线、跨页的形式，以及局部出血式来自由地安排插图，使文字部分与插图的组合显得活跃，并产生了意想不到的视觉效果，自由形式编排图文，宜于文学书和儿童读物。（图 4-10）

4. 编排版式的空间与法则

（1）编排版式的空间

编排版式设计在版面的分割与组织上发挥着超出二维空间的视觉效应。抽象大师康定斯基揭示道：“平面是活的，是有呼吸的。”不难看到二维上版式设计所创造的三维空间，甚至是四维的。既然平面在设计师的手下获得了鲜活的生命，它能呼吸，就具有一定的生命体征，也有运动的各种现象，它都会在视觉上造成一定的、各种形式、各种层面的运动感，比如错视及矛盾空间的表现等。对于视觉的收缩与膨胀的力动之感，还有版面的空白处理，皆为了使读者心理获得愉悦的审美及视觉上的松紧、节奏有度。

（2）编排版式的法则

作为书刊的编排版式应遵守形式美的法则，有必要认识编排版式的形式美的基本规律，在进行设计时要保持页面之间的稳定感，稳定感与美感是相互联系的。而版式的诸因素相对的丰富变化，与统一设计的关系是辨证的，有的是大对比小调和，另一种是大调和小对比。一般书籍的编排版式设计倾向于大调和小对比，因为书籍是文化知识的载体，具有书卷气息，读者需要宁静地阅读，就要在视觉传递上达到平和、明确、继续探求的效果。

版式最为稳定的样式是对称的均齐式，它是对称美，比较严格的对称结构。例如相邻的两页版面，一侧安排文字群块或插图，用相同面积的文字群块或插图，使这两页版面相互对称，使阅读到此的读者获得庄重、整齐之感。

若以非对称的编排，可选用差异性的图录，面积不一样的文字群块将版面处理成均衡式，应注意重心的合理安排，不可造成视觉的重心偏离，重心是一个抽象的平衡点。均衡式比较有活力，视觉上较为轻松而不紧张。

编排版式应处理出适当的层次，有的书籍版面上有衬色及衬形，合理地安排好视觉的层次，才能赏心悦目，利于阅读。

版面上的变化因素之间的联系就产生了视觉的节奏感，而且这种联系反复之后连续下去才会有节奏。版面上字行之行距，字黑色与行距的空白对比，图录、字群块与纸质空白的交织构成了视觉上节奏的层次性。

设计编排版面的版式，在丰富变化的同时，应考虑文字群块位置的变化，字体、字号的有序变化，插图的面积和轮廓的变化，以及附加的装饰纹样、边饰的变化，诸变化因素应合理，要符合整本书的统一原则。在书籍艺术设计中，编排版式设计原理是“变化与统一”。而法则是“均齐、均衡、层次、节奏”。

5. 国际主义风格的瑞士编排设计

（1）艾米尔·路德

瑞士是第二次世界大战前后的世界平面设计最为重要的中心之一，在苏黎世和巴塞尔两城市拥有最强的设计力量，产生了有代表性的平面设计师。艾米尔·路德较早发展出自己的平面设计的技艺和独特途径。其担任巴塞尔设计学院的编排设计教学，重视视觉传递功能与编排版式形式之间的平衡关系，字体的意义在于能很好地发挥视觉传递之功能，必须保证字体版面编排设计的可读性和易读性。还特别强调版面的“负面”（空白区域），同时处理好字群块与插图组成的实在的“正形”表现形式，也应注意衬托实在形式的虚底负面的视觉效果。这包括着字与字之间的距离，其对于作为空白的虚底，负面的重视，客观地从这方面对于视觉传递功能及美学价值的强调，是将形式与功能相吻合的设计理念。

图 4-11 网格设计

路德提倡重视各设计因素的相关联之和谐关系，以及鲜明的功能特征，开创了方格网络作平面设计的基本系统结构，即将平面设计的各个因素：文字、插图、标志、纹饰等安排在这个系统架构内，实现功能与形式的和谐，达到统一中有变化。其把握了“通用体”新字体的简明、清晰之优势。利用这一字体通过方格网络确定标准字，再进行放大、缩小、正负、变形。

路德的专著《版面设计：设计手册》中反映了路德的设计方法论、设计思想、设计教育思想。这一论著影响了整个西方的设计学院和平面设计界。（图 4-11）

图 4-11 网格设计

（2）阿尔明 · 霍夫曼

瑞士另一重要的平面设计师阿尔明 · 霍夫曼在教学中重视美学原则，把设计重点置于平面基本元素上，首先是点、线、面的安排和布局，不再以圆形作为中心。强调设计的功能和形式并重，使各种设计因素综合、平衡、协调、和谐，将设计中相异元素的对比调和作为产生呼吸性的生命感之关键。这些对比的元素包括了明暗、曲线与直线、正圆形，动与静等。将它们的对比关系处理成平衡状态，设计则达到完美的程度。

霍夫曼关于各种元素统一、对比、和谐、平衡及美的思想理念和设计原则应用于编排版式设计，一样能获得完美的视觉传递效果。

三、与国际接轨的网格化设计理念

1. 现代书籍艺术设计的网格化形式

现代书籍艺术设计，无论是外部的封面设计还是内部的编排版式设计都受益于网格化这一科学方法。

2. 网格化的要素与方法

（1）要素

包括比例、力场、中心、方向、空白、对比、分割、黄金律、韵律。其空白是起烘托、强化主体作用。

（2）方法

通过合理分割配置，使主题更加清晰，达到视觉层次分明的效果。按倍数关系分割，可以通过二层上下错位、左右错位、斜向错位、辐射错位，亦能将等差级数关系处理成渐变透视的效果。

3. 网格的构成与应用

（1）构成

按版面的高和宽，划分为两栏、三栏或更多的栏目，可以划分为 2×4、3×4、4×5、5×6、6×10 等矩形或基本正方形，也可以竖向调控，横向的自由或横向调控。可在竖向灵活、自由地安排字群块或图录。

（2）应用

按网格编排版式，文字群块和图录安排得既方便、活跃，而且又能体现出秩序感的美。

网格适用于书刊的正文版面编排、封面设计、广告构图格局的经营。网格能使文字群块、图录与空白的关系受到比例的制约，产生良好的秩序和韵律美。

四、 字体的规划与应用

在“书籍内部设计的字体确定”中已介绍了字体（楷、宋、仿宋、黑体）及字号。该项则介绍应用于书籍艺术设计的字体之表现，以及如何按视觉规律将信息转化为有意味、有内涵的字体。

1. 字体的魅力

所谓字体设计就是按视觉规律在整体上对书籍的精心安排。

当人们将抽象符号与原始图形发展成文字形式时，就体现了信息文明。古代腓尼基人创造了字母符号，由此演化出希伯来、阿拉伯字母，古希腊人在这一基础上又优化出更理想的审美形式。当充满节奏感、空间感和整体感，并具有审美价值的古罗马字体被应用于建筑、书籍艺术设计、商标之中，字体作为视觉传达工具时，使人体会到罗马字体特有的既统一又富于变化的设计文化的魅力。

不同历史时期产生不同风格的字体，如古典时代的安塞尔字体端庄典雅，中世纪的哥特式字体雄健有力，巴洛克字体则豪华奔放。

当人们重视艺术效果与科技结合时，就产生了一种强调发掘视觉规律的数比法则与强调色彩情调、形态、肌理的设计字体。英国人的黑体字、埃及体、爱奥尼亚体等各具魅力。

英国工艺美术运动及新美术运动有益于现代字体理论的建立。各种现代艺术、现代设计的探索，便认识到“装饰、结构和功能的整体性”是现代设计的原则。

我国字体设计历史悠久，汉字独具魅力，从商周青铜铭文、春秋战国以鸟书为基础的金文、秦汉之篆书、宋元明清的宋体印版字体，到发展至今的现代字体的设计。

因我国的现代设计起步较晚，字体设计概念在相当长时期内比较含混。20 世纪 70 年代，受三大构成及现代国际设计理念的影响，设计教育确定了设计基础的训练和设计思维的培养。（图 4-12、图 4-13、图 4-14、图 4-15）

图 4-12 哥特体、英国黑体

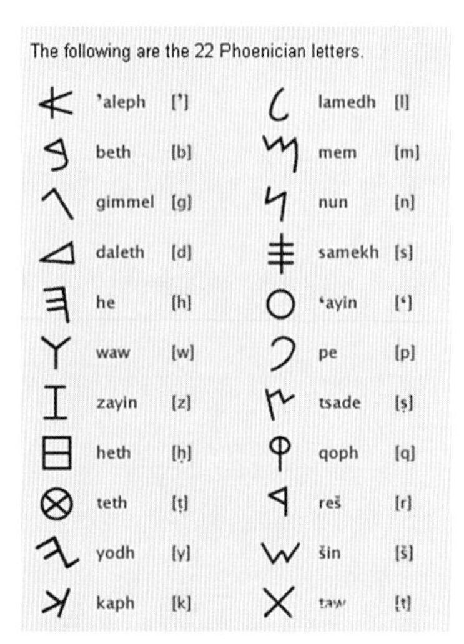

图 4-13 埃及体

图 4-14 金文

图 4-15 篆书

2. 字体设计应用于书籍艺术设计

（1）字体设计的规划

作为字体设计的信息传播为其主导的功能性研究，将视觉要素的构成形式作为表现手段，创造个性鲜明的视觉识别形象，当今字体设计已纳入高科技发展的多元化时代特征的路径。

平面设计中的书籍艺术设计给人们传递了文化信息和知识，完善的书籍艺术设计还创造出审美的文化空间，产生出超越时空的文化动力。根据书籍文化的内涵，从书籍外观到书籍内部的整体设计，进行审美的视觉传递设计，设计师在原著基础上进行二度设计，也就是在原创的基础上再创造。设计师的艺术表现与原著融为一体，将共同创造书籍艺术设计生动而形象地展示给广大读者。

文字和图录的合理构成是书籍艺术设计的基本编排的形式。其中的文字不但是反映内容传递信息的主体，也是表现内容的形式客体，设计师完全可以根据原著内容设计具有鲜明视觉个性的字体形态，巧妙地组构文字，使文字的编排版式的完美可提高书籍艺术设计的表现力，增加了读者的阅读兴趣及书籍风格的独特性。

关于字体设计应用于书籍艺术设计，日本书籍艺术设计师杉浦康平说："文字不仅能让人感觉到各种音色，还具有进行复合的多层次。若将大小不一的文字置于同一个平面上，书籍和读者就会产生互动。"日本设计师田中一光以纯文字的构成形式，将字体的大小进行对比，为美国建筑设计师菲利普·约翰逊设计书籍封面，反映了他不但驾驭字体设计能力之全面，还具有深厚的文化底蕴。（图 4-16）

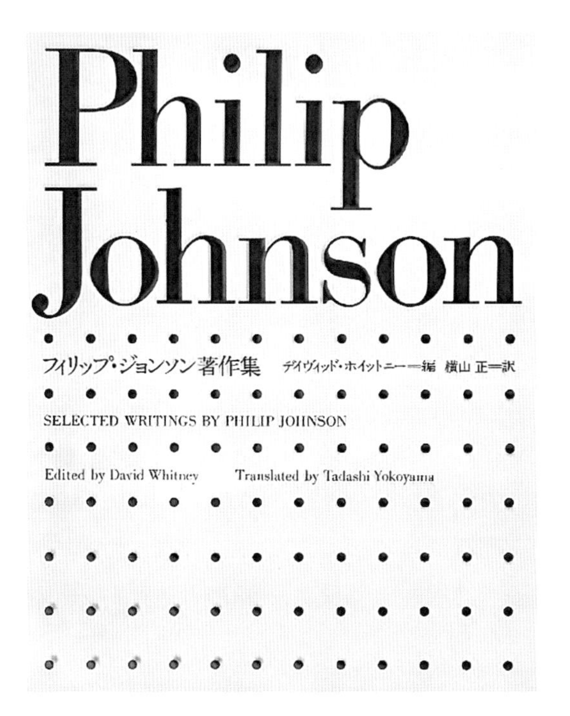

图 4-16 田中一光为美国建筑师菲利普·约翰逊设计书封

图 4-17 钱君匋“以字体设计的书封”

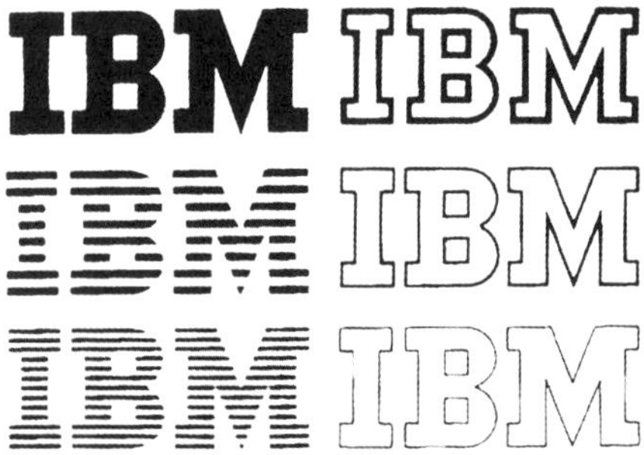

图 4-18 IBM 字体粗细变化

图 4-19 文字的大小表现

我国早在五四时期，鲁迅以字体设计了书籍封面，在其指导下，丰子恺、钱君匋等设计师以各种创新字体设计书籍封面，反映了那一时代的审美倾向。字体设计对于书籍艺术设计起着推动作用，反之书籍艺术设计也催化了字体设计。我国现代书籍艺术设计有着许多创新的设计字体。（图 4-17）

（2）字体设计的艺术表现形式

对于汉字或拉丁字母，就单个文字来看，都具有视觉的观赏性，不同的结构具有不同的韵味，不同的字体显现出文化的个性魅力，或典雅、浪漫；或冷峻、庄重；或热情、强烈。深刻理解字体形态、大小、粗细、节奏、色彩等因素，才能对于字体设计进行大胆创新。字体有丰富的变化，一旦应用于书籍艺术设计，必须与书籍内容能够恰当地体现原著内容。

①文字的粗细表现 —— 用渐变法进行文字的粗细推移。（图 4-18）

②文字的大小表现 —— 用对比法将文字大小变化传递信息。（图 4-19）

③文字的变化表现 —— 用电脑技术，完成丰富的字体变形（例如：放大缩小、压缩拉伸、倾斜、旋转、叠加、扭曲、边缘效果制造、增加与减缺）。（图 4-20）

④字的立体表现 —— 影绘立体、浮雕立体、透视立体。（图 4-21、图 4-22、图 4-23）

⑤字的色彩表现 —— 用大对比小调和的色彩，或用大调和小对比色彩。

⑥字与图形组合 —— 用意象字（字与图）表达特定的内容。（例如：12 生肖、囍、喜鹊、字母排列中的图形）（图 4-24、图 4-25）

⑦群造型的表现 —— 平面化剪影式、素描立体式、版画式、结构化字体分层、字群与绘画组合式。可灵活地将

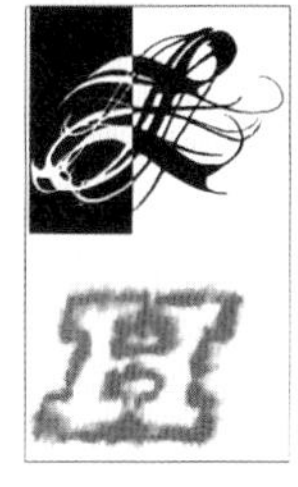

图 4-20 文字变化：放大缩小、压缩拉伸、倾斜、旋转、叠加、扭曲、边缘效果、增加与减缺

图 4-21 影绘立体

图 4-22 浮雕立体

图 4-23 透视立体

图 4-24 字与图、12 生肖图形

图 4-25 外文与图形

拼贴、摄影、变形、肌理结合在同一字体设计中并应用于书籍艺术设计。（图 4-26、图 4-27、图 4-28）

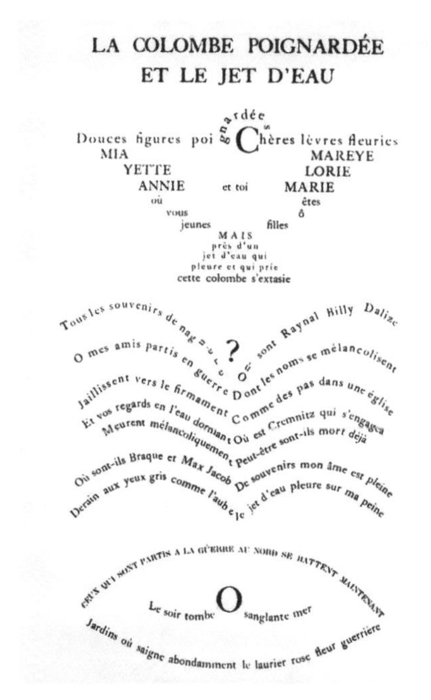

图 4-26 字群造型

图 4-27 剪影式

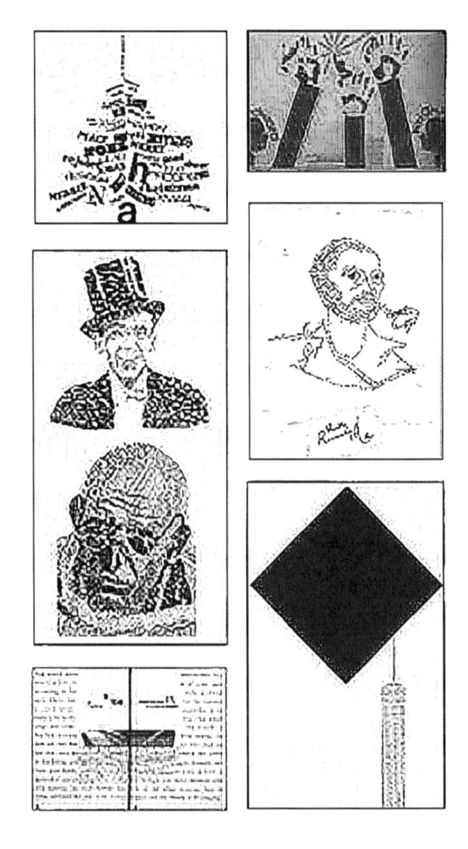

图 4-28 素描立体式、版画式、字群与绘画组合

五、插画的魅力

插画就是附于书籍版面中的图画、图形。

1. 书籍插画类别

（1）文艺书籍的文艺性插画（文学类书籍的小说、散文、诗歌、神话、童话等）

文艺性插画不是说明图，是深层次艺境的表现。

（2）科技书籍的科技性插画（科技技术类书籍）

科技书籍的科技知识，需要图解或插画说明科技的整体、剖面、局部结构，机械制图、统计图表等，以说明和资料价值为重，艺术含量极少。

2. 插画的特征

（1）插画的附属性

论插画的画种，可以涉及到西画和国画两大类的各个画种，如：油画、水粉、水彩、版画、铅笔、钢笔或炭笔的素描、黑白装饰画等，当然也有用剪纸黏贴制作方法的。

插画不同于一般绘画，它附属于书籍的文字内容，离不开文学原著，一定是在原著上的再创作。

（2）插画的独立性

插画的独立性是具有艺术的相对独立属性，插画依存一般绘画的条件，能不依赖文字也可以通过形象表现一定的主题内容，但其艺术表现必须服从文学原作。

插画的独立性和附属性两者是互相依存，而不能相互剥离。

3. 插画的价值

（1）视觉传递的功能

插画与文学书籍虽都是偏于形象思维而创造的，文学是以语言为媒介，读者通过阅读在头脑中发生语言符号转换成形象、场景、意境的构成，才能获得文学知识、理性、情境的感悟。而插画则是通过视觉直观地对于画面的构图、造型、色彩所描绘的形象、情节、艺境获得了绘画的信息，能够产生心理的深刻感受。插画不是简单的对文学著作补充，而是对原著进行审美性的再创造。

（2）美化书籍的内外形态

插画对于书籍的封面、环衬、扉页、编排版式，从整体设计上完善书籍的审美形式，使广大读者获得极大的视觉享受。

（3）原著的再创造

插画是一种艺术语言及文化内涵的信息载体，它是对原著的再创造，作为文学插图，不是对文学作品中人物、情景的简单再现，有时它是通过寓意象征、组合、拟人的手法，对人物、事物进行二度创作，往往插画在美化书籍的同时更加深刻而生动地唤出形象。

4. 插画的创作

（1）读透原著，深入挖掘精华；

（2）深入体会，选择适合插画表现的情节；

（3）相关素材的搜集和整理；

（4）构思创作的草图反复探索；

（5）以形体特征和形态表情塑造生动的艺术典型。

六、介绍六位插画家

1. 版画家施马林诺夫的素描

乍看施马林诺夫的画似乎潦草不严谨，但他善于刻画人物的内在心理及精神气质，以形象的感染力打动观众。他的各幅作品有不同氛围，把人物带入文学作品所描写的境界之中，使观众身临其境。其对人物适度夸张，将身体比例拉长，女性使之苗条，男性使之高大。为列夫 · 托尔斯泰的小说《战争与和平》所作的插图极为优秀。

施马林诺夫为列夫 · 托尔斯泰的小说《战争与和平》所作插画：

（1）小说中描叙安德列公爵为送文件，夜宿别竺豪夫庄园，无意中听到春夜无眠的少女娜塔莎与女伴索尼亚的心声，少女坐在窗台上仰望天空银月，遐想向上飞升……他回程途中发现枯萎的老橡树忽然发了芽。施马林诺夫以简练准确的肢体语言，生动地刻画了少女望月的美妙坐姿以示内心的率真、纯净。（图 4-29）

（2）有一幅描绘娜塔莎弟弟小别加为保卫祖国而参军，小别加身穿军服的雄姿，以及未成年的那种对于即将实现的胜利的天真、烂漫、神采飞扬的表情被刻画得入木三分。画家将四周处理得黯然，只有小别加神情飘然的面容被火光照亮。（图 4-30）

（3）黎明的河畔，彼埃尔前来为出征的安德列送行。两位挚友倾心深谈，他们对于祖国的命运和人生的命运进行着哲理性的思考和探讨。画家将两人的站姿作了不同的安排，一位伏在河边木栏上，另一位侧身与之交流思想。他们都很凝重，河面上似乎飘浮着薄雾，他们仿佛已交谈了很久……（图 4-31）

（4）勇敢的安德列公爵高举着战旗引领将士向前冲去，他中弹受伤，痛楚地躺在祖国大地上，呼吸着苦艾的沁人心脾的清香，深情地仰望着天空。画家把这一切刻画得空间辽阔，从视觉上传递了主人公的思想情感。（图 4-32）

图 4-29 “娜塔莎坐窗台遐想” 列夫 · 托尔斯泰《战争与和平》

图 4-30 “小别加的烂漫之梦” 列夫 · 托尔斯泰《战争与和平》

图 4-31 “彼埃尔与安德列在黎明的河边话别” 列夫 · 托尔斯泰《战争与和平》

图 4-32 “高举战旗的安德列伤卧战场” 列夫 · 托尔斯泰《战争与和平》

图 4-33 “尼古拉的意外归来” 列夫 · 托尔斯泰《战争与和平》

图 4-34“娜塔莎与安德烈的绝别”列夫·托尔斯泰《战争与和平》

（5）画家安排了一个极具戏剧性的画面，当娜塔莎的哥哥尼古拉从前线回家，家里人惊喜地簇拥在门口，各自的表情和肢体语言都表现得极为生动。（图 4-33）

（6）当娜塔莎跪在垂危的安德列公爵的病床前，她的手紧紧握着他的手，她的自责、忏悔与痛切而绝望的爱相交织，一脸的惊恐和极度的悲哀；他面对死神和爱人显得安详，也是一种无奈的淡定……画家将这一战争中生离死别表现得十分动人，有一种悲凉的美境，使人见到生命之火在慢慢熄灭。

画家深入地感受了托尔斯泰原著的文学思考，托翁把安德列公爵之死，作了非常深刻的哲理性描述，把主人公的灵魂托起飘升到永恒的时空，十分悲壮。（图 4-34）

图 4-35《亚瑟之死》

图 4-36《黄面志》

2. 比亚兹莱的黑白装饰画

比亚兹莱被誉为 19 世纪末的天才，他的黑白装饰画中的形象极为精美完善。线条深刻有力，构图平衡和谐，点、线、面的处理简练、优美、充分。黑白对比大胆而有表现力，其黑白装饰画经典、神秘，特具魅力，被称为阴郁而诡异的唯美。

比亚兹莱的作品主要是书籍插图、书籍和招贴海报设计，其艺术的多元吸纳，如对拉斐尔前派画家伯恩· 琼斯的复古、浪漫、唯美，美国画家惠斯勒印象主义的形式感，文艺复兴画家曼泰尼亚的庄重而富有雕塑感的古典意味，法国招贴画家劳特累克简洁而明快的海报风及巴洛克装饰风、日本版画、古希腊瓶画，甚至还从法国文学、德国瓦格纳歌剧吸取灵感和精华。正如鲁迅所说："他是吸收而不是被吸收，他时时能受影响，这也是他独特的地方之一。"比亚兹莱为《亚瑟王之死》第二部所设计的封面和书脊，受到威廉 · 莫里斯的影响，对百合花的抽象，只有花蕊保持百合科特征的留白，几何化的百合花在各作品中均有出现。（图 4-35、图 4-36、图 4-37）

图 4-37《莎乐美》

VENUS.

3. 莱勒孚的白描绘

马克 · 吐温是美国文学史上难得的幽默作家。经历丧女亡妻之痛，晚景凄凉之际，应《哈伯》杂志之邀，撰写了小品文学《夏娃日记》，讲述了夏娃与亚当相知相爱，共同探索世界的历程。以天真浪漫的女性视觉表现的活泼、荒诞，蕴含了对美国姑娘的善意批评。

图 4-38 莱勒孚为《夏娃日记》创作的插图

马克 · 吐温通过该篇小品对人类起源与归宿进行了严肃而痛苦的哲理性思考，并注入了毕生的眷恋与爱。

莱勒孚的55幅精美的白描插图，大气、清新、简练、生动。人物优美的形体、劲健的动态表现得极为可爱。（图 4-38）

鲁迅先生献身于文化，以唐丰瑜为笔名于 1931 年 9 月 27 日夜拨冗为《夏娃日记》亲作文引，将莱勒孚与中国的任谓长相提并论。文字与插图妥贴匹配得良好，编排尽含了鲁迅先生的心血。

4. 明清著名画家陈洪绶的插图、木版画

陈洪绶号老莲，中国绘画史上杰出画家之一，鲁迅称道："老莲的画，一代绝作。"陈老莲与人物画家崔子忠齐名，被誉为南陈北崔。其天资聪慧，能诗擅画，人物、花鸟、山水画极佳精到，风格独特，奇伟卓绝。张庚在《国朝画征录》赞道："其力量气局，超拔磊落，在隋、唐之上，盖明三百年无此笔墨也。"擅诗，有《空编堂集》遗作，其书法亦在逸品之上。

老莲画之特点，对于形象提炼深刻老辣，偏形体夸张，表达含蓄的精神。处理人物衣纹，用笔清圆细韧，又有折铁般的力度，艺术表现的手法简练、质朴，刻意使线条具有金石之趣。（图 4-39、图 4-40、图 4-41、图 4-42、图 4-43、图 4-44、图 4-45、图 4-46、图 4-47、图 4-48）

图 4-39 博古叶子

图 4-40《牡丹亭》

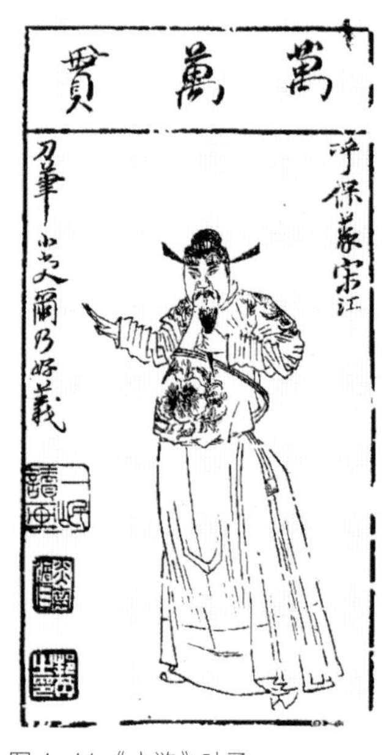

图 4-41 《水浒》叶子

图 4-42 屈子行吟图

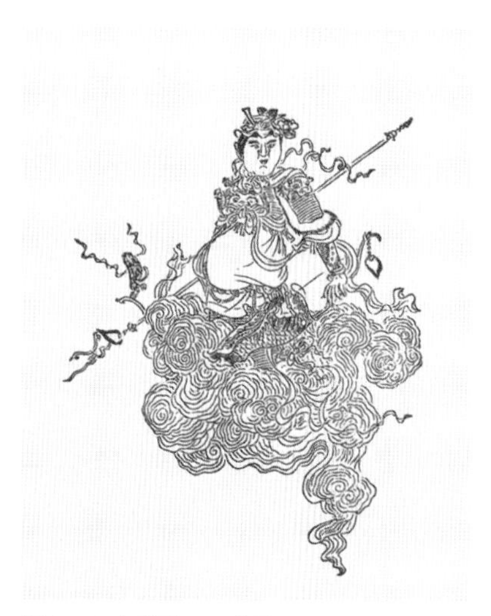

图 4-43 九歌图 · 云中君

图 4-44 《西厢记》解围

图 4-45 《窥简》

图 4-46 报捷

图 4-47 目成

图 4-48 惊梦

《西厢记》是古典戏剧名著，源出唐代元稹的小说《莺莺传》（又名《会真记》），描写了书生张生与莺莺的恋爱故事。在《窥简》以屏风装饰大部分画面，衬出莺莺躲着看信，发自内心喜悦的红娘从屏后侧身探头偷窥之状。她手指按在唇边，一副轻袅机灵的神态。画面繁简、视觉平衡处理极佳，人物形态及人物之间的关系均表现得极为生动。闺房中一扇精美的屏风上绘有双飞蝶、一对私语的鸟雀，衬出莺莺美好的心愿。

老莲又以虚实大对比在《惊梦》中刻画了实景的张生睡态，也以虚幻手法呈现了张生的梦境，这一手法有如现代影视艺术中的“蒙太奇”。

陈洪绶在 28 岁时为《水浒叶子》绘插图白描人物 40 幅，用线细劲，造型古拙，栩栩如生。

郑振铎在《版画史图录》说道：“故于陈（老莲）、萧（尺木）纵笔挥写，深浅浓淡，刚欲壁立千寻，柔和新毫触纸之处，胥能达诸传神，大似墨本，不类刻本。”（萧云从传世木版画以山水为佳，陈洪绶则独霸人物画坛）

5. 改琦的《红楼梦》人物描图

改琦（1774—1829 年），字伯蕴，号香白，别号玉壶外史，上海松江人。自幼天资聪慧、善诗文绘画。不但精于山水、花鸟，作为清代人物、佛像、仕女和肖像画家，尤以仕女画享誉画坛。其仕女画姿容文雅，纤细的造型，飘逸

图 4-49《红楼梦图咏》中人物形象

简洁的精美线条，笔墨舒展，刻画入微的高雅而独特的画风深受文人墨客的赞赏。

改琦所绘《红楼梦图咏》，继唐宋之传统，并吸取明代仇英雅逸蕴藉之韵，直追宋词之妙，树立清后期仕女画新风。故秦祖永在《桐阴论化画》中，将改琦的仕女画评为“妙品”，称其“落寞洁净，设色妍雅”，绝俗丹青的高手。（图 4-49）

图 4-49《红楼梦图咏》中人物形象

6. 影响 20 世纪的画坛巨人张光宇的独特绘画

张光宇早年从事商业美术创作，绘制了大量月份牌、香烟画片及舞台布景，却是从漫画界崛起。他从京剧、音乐、舞蹈中悟到艺韵，对明代陈洪绶的版画做过很通透的研究。尤其对中国古代的秦砖汉瓦、青铜艺术、汉画、漆艺、六朝造像之精华予以吸纳。对江南白墙黛瓦的民居、民间玩具、门神年画、剪纸窗花、泥面人的兴趣更浓。在兼融任谓长风格的基础上与墨西哥三大壁画家（里维拉、西盖罗斯、奥罗斯珂）积极“对话”，甚至能取波斯、印度画之长。他将漫画、插图的元素自由地融入艺术创作，从而形成了张光宇的独特艺术风格。张光宇的最大贡献是对线条的驾驭，其线描在传统绣像和陈老莲的运线基础上有了创新，如其用匀韧而纯简的线条完成了《民间情歌》的创作；用更加老练醇厚的线条创作了《大闹天宫》的玉皇大帝、二郎神之类的形象，却以飘逸律动的线条描绘了仙女，以极富于漫画的手法夸张地创造了孙悟空的可爱形象。

张光宇绘画艺术的特点：

（1）先收后放

严格的基本功日常训练，准确把握住艺术尺度，创作时的大胆豪放。

（2）以大观小

突破生活的真实，表达内心之构思，将远、近、天、地、虚、实、内、外景皆处理在一个画面，如同电影蒙太奇。

（3）方中寓圆

从汉画、青铜器、传统工艺品的结构、金石书法中悟出艺术造型的程式化形式。

（4）垂直水平

创作中牢牢抓住了垂直线和水平线，成为构图基准线。

（5）奇中寓正

其作品美学价值极高的程式化造型中隐含丰富的情感，既庄重又颇具奇趣。倡导艺术表现即是将主观与客观“视觉融合”，尤其更偏于主观。

张光宇从商业美术职场走来，拥有强大的艺术接受力和表现力，所谓现代大都市的造型艺术的创新能力。他是最早借鉴立体主义等现代艺术手法来表现中国传统题材的。1929 年徐悲鸿将张光宇的杰作《紫石街之春》送往巴黎展出。

张光宇勇于商业美术职场的实践，才能有一颗自由的心面向社会，就能拥有比学院派、留洋派更加随意的文化空间。大美术的视野和融通能力被培养起来。一种学贯中西、融合了中国传统艺术及民间艺术，并具有现代意识的艺术形态，逐渐趋于成熟，经抗日战争烽火洗礼成为一枝独秀的艺术。1949 年之后淡出主流艺术，坚持大美术的方向，执著于艺术教育。（图 4-50、图 4-51、图 4-52）

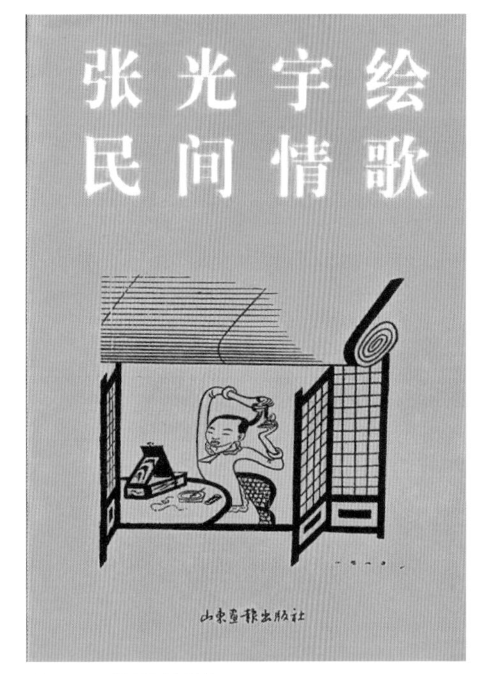

图 4-50《民间情歌》

图 4-51《西游漫记》

图 4-52
张光宇封面及插图设计

七、书籍艺术的过滤

通过穿越文化名人的心灵隧道认识到人生价值的解密之意义，感悟更高层次的意识形态，即大师对世界的体察和省思，过滤了艺术设计教育，认识差距，努力提升，跃入世界先进行列。

1. 解析乔布斯改变世界的梦想

透过咬掉一口的那个苹果 logo 上的彩虹，似乎可以看到全新的景象，那是 21 世纪人类真正的文明，深刻地体会到苹果标志的文化内涵和创新意义。

20 世纪 70 年代以来，中国发生全面性的快速转型，虽然中国的艺术设计参与并体现了这一变迁，但有待拓宽及深化。在学术前沿，重新认识逻辑和理智的价值。作为乔布斯的同道同行应该从艺术设计的创新上思考如何适应变迁的迅猛形势。正值有望获得创造性大发展的历史时期，调整好心态，鼓足劲头为发展艺术设计而竭尽全力。

2. 当代最受推崇的心灵导师克里希那穆提的启示

克里希那穆提说：“顿悟如同一支离弦之箭。顿悟可以解放头脑，人类受到了时间的限制，这种时间的限制就是思想的运动。因此，只有思想和时间终结，才会有完全的顿悟。只有在那时，头脑才会成熟，只有在那时，你才会与心理建立起完善的关系。”他主张脱离尘世的法则，认为出自欲望的行动是腐化的、扭曲的。启发人类自我察觉、探索，放下自我及各种狭隘的约束，通过个人意识转化获得单纯而开放的心灵。克里希那穆提在带领读者领悟山光湖色、见闻花香鸟语之时，才揭示人生的大智慧。当读其书时，瞬间进入他的意识，在精神探索的顶峰尽享其深邃与博大。

试着感悟大师对世界最后坦率无遗的体察和省思，这种超乎凡世的敏感和微妙感觉，那睿智的思想就如明澈的清泉荡漾着凡人心灵的尘埃。对自然充满了诗意的冥想与热爱，就像一束光为人们照亮眼前的路。

感悟了大师具有淡定心灵的思想智慧，应对艺术设计的历史、背景文化、哲理性、科技性以及书籍艺术设计之视觉传递方法作明智的思考。

3. 无形世界与有形世界

（1）书籍艺术设计是必须的

书籍艺术设计的文化内涵是必须的，它决定了书籍艺术设计的性质。现代书籍艺术设计是专业性很强的学科，广泛涉及科学技术、人文、社会科学的各个领域。它的核心就是对创造能力的培养。设计意味着创造，设计思维就是一种创作思维，设计的创造性思维的综合运用、综合能力就是一种创造性，它体现了创造性的思维的本质特点。

（2）有形世界与无形世界的互相转换

作为艺术设计，其意义在于创造，将创造性卓越地彰显出来，是创造性、系统性、功能性、艺术性、经济性的系统性共存。人类历史是不断演变的进程，而当前的价值观及我们所做的共享将会影响“未来历史”的方向。

为了改变艺术设计的滞后，应转变艺术设计的观念，破旧立新，在传授艺术设计的方法时，很可能由此方法联系，影响到彼方法。必须是它们共同作用使我们获得了全面的理解，必须把设计的各种不同元素相互联系起来，将设计师培养成具有优秀品质的人才。一旦重视创新思维能力的培养，便学会了从无形世界构想有形世界，再从有形世界构想无形世界。

在文化领域内有“文化基因”的提法，文化的进化可以是迅速的，这样就有可能使在文化领域得到迅速发展的书籍艺术设计提升到先进水平。

5 第五章 书籍形态的创新

一、拓展书卷文化之魅力

1. 书籍艺术设计的传统方式

由于纸的发明，活字印刷术在历史上作为信息载体的主要形式，该视觉传递的方式已持续了漫长的历史。由活字印刷所构成的矩形六面体的满载文字的书籍形态，其特点是确定单向性文化知识传递的平面结构样式，通过阅读将书本知识传播给读者群。

传统的书籍艺术设计的形式单一，编排顺序也平淡无味，无感染力的插图偏于图解，单调的设计反映的信息量亦不足，甚至由于书籍装帧的局限性，造成重要信息的遗漏。书籍形态构成的不合理，整体上节奏、层次的缺失，更无法实现人书互动。

2. 现代新型书籍形态

（1）现代新型书籍的多元化表现形态

传统的文字群书籍仍发挥着巨大的社会作用，但是新的三大科学：教育科学、思维科学、信息科学迅猛冲击了原有的知识信息传递文化模式。在全球大众文化席卷浪潮之中，对新型书籍形态从形式到内容、从表象到本质进行了系统探索。随着全球化的推进，日常生活的审美化和审美的日常生活化的变化，有审美泛化倾向，大众文化特征表现在风潮化、影像化、视觉化、娱乐性方面。整个社会的信息环境发生了巨大的变化。于是当代书籍的特征是以复合式的表现方法面向社会，即以横向、竖向的知识，辐射方向的、漫反射状的相互关联，交叉、边缘联接的信息结构进行知识传递。

（2）现代新型书籍形态的魅力

比较完善的新型书籍，以信息量大、趣味性强、适合读者心理的新意所具有的魅力受到读者的热烈欢迎。各门类新颖的书籍形态均使读者获得超越门类的知识容量及对审美的享受。使读者面对图书不仅获得知识的满足，还能体会到由于产生联想，把书中基本的点、线、面等元素能够交织成融于心灵的一片世界，它充满了创新的智慧。

（3）现代新型书籍形态的第四维空间

书籍艺术设计师已将时间的概念注入到书籍形态之中，在阅读过程里，人书之互动，读者与书产生理性、情感的交流及心理生态环境的动态表达意愿。当代人对于书的敏感性心理需求及求知的目的，在阅读过程中得到满足，通过视觉达到通感的接收，使主体在接受文化知识的同时，个人的智慧、才华在交互中得到提升，即阅读过程的运动状态。

3. 拓展书籍形态的书卷文化

现代新型书籍其形态的书卷文化是以传递信息为核心的，存在于书籍的信息形态传递的整体演化中，所谓整体演化即是书籍的文化内容、文化内涵的节奏、层次、主体和延伸之联系，信息的清晰、突出；由视觉经通感转化达五感，皆充满书卷气息，有着书籍特具的文化意蕴，使人不仅能从理性上接受它的文化性，也能从感性上认可书籍的书卷文化性。它符合读者的文化心理，这种由字群、插图、符号编排成与人互动的书籍活体，将文字群内潜在的文化生命巧妙地传递给读者。

整体设计把握住书籍的文化气息、生命的节奏、文脉的搏动及书籍整体由时空层次、强弱、秩序、韵律构成的文化底蕴，所发散的书卷文化气息，足以使文化人心醉。

二、专项构思与表现的创新思维训练

1. 关于设计教育的思考

（1）设计教育的全方位改革是整体的系统工程

教育观念是设计专业形成核心竞争力的基础。作为书籍艺术设计教育由单纯的文化传递过程改革为整体的创新教育。

（2）关于设计教育的目标

其目标是以人的基本素质和创新能力的培养。将艺术与设计的门类视为一体，应重视将书籍艺术设计与高科技、人文素养、市场相结合，在通才教育的基础上完成专门人才的培养。

2. 专项构思的创新思维

（1）培养专项构思的创新思维

以书籍封面设计为例，最初的多种创意小构思可以帮助大家在愉快的状态下充分激发大脑的活力，在反复输出小构思草稿的过程中拓展了角度和方法。

围绕书籍封面专项设计，构思的众多小草图是培养创新思维能力的手段，以多种视觉从书籍内容里发掘不同的设计元素及不同的侧重面。它要求创新思维具有敏锐的、感觉深厚的、思想相容的强大能力。

（2）培养专项构思的创新思维方法

对于书籍艺术设计的专项的创新思维，以双向的、交互的理性和感性思维相融的方法，从固有的模式中突破，经过小构思的反复训练，体验知识的记忆，深刻地感受发散思维和具象思维间的平衡点或交汇点，既能发散又能向一个中心点聚合。在众多的构思草稿中择优选取，或是将几幅融合，向设计的目标聚合。

设计创新的本质就是交互需求，活跃追求新异的好奇心理，具有发散的思维，引导设计师突破成规，对设计的目标反复不断地追求。不同的探索就有不同的路程（发散思维），然后通过综合评价论证（具象思维）就能在专项构思中确定出创新的大稿，逐步优化，通过恰当的艺术表现发展成正稿。

三、总体复合构思与表现的创新思维训练

书籍艺术设计师不仅要有高度的、缜密的逻辑思维能力，也得具有形象思维能力，还得有非连续性的、跳跃性的灵感思维能力。

书籍艺术设计是通过视觉形态的传递及表现手法对于书籍的功能、形态、材料、结构、色彩等方面的创造性构筑活动。

1. 书籍艺术设计总体复合构思的创新思维特点

（1）书籍艺术设计思维的跳跃特点

当设计师对于书籍的设计进行确定和意念创造时，从逻辑思维暂时中断跃入创新智慧推理式思维的质变过程，来自设计师对于信息反应之灵感智慧。突破原有创意，推出新的创意。

（2）书籍艺术设计思维的独创性

设计师对于书籍艺术设计确定意念中，发挥了个人的聪明才智，对传统思维模式的突破，赋予它新的意义、内涵，采取新颖的创意计划，在总体的复合

构思的实施中，以超常的洞察力、应变能力、调和能力等智力条件，提供多种方案解决整合之中的问题。

（3）书籍艺术设计的易识性

设计师根据书籍的文化性，将设计意念的新符号按逻辑有序联系组合，使其成为设计语义的识别符号，达到设计思维的语言转换。易识的逻辑符号有图形符号、指示符号、象征符号。在书籍总体设计的复合思维过程中，有直觉性的作用，通过构思、图形、结构的最初策划，由局部至整体，再由整体至局部不断调整中保证符号的易识性，利于视觉的传递。

2. 书籍艺术设计总体复合构思的类型

书籍艺术设计是融入人类物质文明和精神文明的综合性、文化性的应用学科。其对于书籍的构想和创造性，即是书籍与环境的联系，自然地形成了一定的思维模式。而且是由多种思维的综合协调完成其总体复合之构思。

（1）书籍艺术设计的发散思维

以开放活跃的思维形式进行书籍的总体复合构思，它呈辐射状、多元化，亦可换元发射，衍生新的构思代替原有的方案，使设计更加合理。

（2）书籍艺术设计的收敛思维

以书籍的内容为中心，再以设计师的知识和经验进行定向和求同的思维。收敛思维又是通过聚焦和推理来寻求艺术设计的最佳方案。

（3）书籍艺术设计的逆向思维

当书籍艺术设计遇到障碍时，选择相反的路径，展开思维活动，往往会获得柳暗花明又一村的意外效果。它可以通过反向探究、打破常规、转移矛盾的方式，产生创新的可能。

（4）书籍艺术设计的联想思维

设计师将个人对于书籍信息的把握与其单方面思维相联系，将两方面的相关性质跃升为新的创造构思的这种思维方式。他通过设计的因果、相似、对比、推理等思维方式完成复合性的书籍整体的创新思维。

（5）书籍艺术设计的灵感思维

灵感思维是指书籍艺术设计师对于信息的反映能力，知识和悟性的爆发及短时间内的综合思维能力，一般称之为直觉思维。他通过主动性的奇异思想，由具象转化为抽象的思维活动，忽然悟出了书籍整体设计中突破某一环节的奇思妙想。

（6）书籍艺术设计的模糊思维

模糊思维存在于书籍艺术设计的整合过程中，思维的多层次、多维度的未知不定使识别模糊，它与清晰思维并存，通过潜意识的、不确定的模糊思维在视觉传递中表达出无法描述的语境。

3. 书籍艺术设计总体复合构思与表现的创新思维的方法

书籍艺术设计思维的方法是帮助设计师把握书籍性质、内容，以不同的构想探索书籍设计表现方法的思维技巧。克服心理障碍，发挥创造性思维的活力。

（1）头脑风暴法

一般在书籍封面设计的专题中，运用头脑风暴法，对于某一类型的书封，某一本书，进行辐射状思维训练。参与者在规定时间内大刮头脑风暴，进行脑轰、激智的方式完成一系列的小构思。面对明确的专题，拿出丰富的多种方案。如果在课堂上，即进行敞开式交流，可以在交叉的构想上加以延伸。例如设计巴金著的《家》，一种构思是表现嵌有铺首的铁木大门象征封建大家庭；另一种选择了“家”的没落，即在破旧的门上贴了类似倒贴福的“家”字，“家”字却被风掀翻了半拉。参与者各抒己见，讨论争辩，相互点评，并帮助思考创新的点子。（图 5-1）

图 5-1 巴金的《家》

（2）联想创意法

在教学时，让参与者彼此讨论，试把两个相关、相似、相对的，或有着某一点相通之处，相互联结。有时将两组相去甚远的形象组合在画面上，使之产生视觉冲击力。再如小说《家》的封面，迎风飘摇的倒贴的红色的“家”字，所产生的联想是很深邃的，即封建大家庭经过社会变迁，外忧内乱，没落的景象。现代广告设计，有一例将巴黎埃菲尔铁塔的下面泛成水面，而某绅士举扇浮走于水面，这种强烈的视觉冲击力，造成了无限联想。

4. 书籍艺术设计总体构思的科学与艺术统合的设计思维理念

（1）科学思维与艺术思维

科学思维偏于逻辑，艺术思维偏于形象，设计是科学与艺术相互统一的产物。书籍艺术设计师偏于形象思维方式，以形象思维的方式构建或解构，并通过构建或解构的思维方式筑造书籍的形态及视觉传递的形式相整合。

（2）设计思维方式的特征

来自感性思维又高于其形象思维，具有形象性、概括性、创造性、运动性（非静止性）。

（3）艺术与科学相统合的设计思维

事实上设计本是艺术与科学的产物，设计思维具有综合思维的性质，设计师对于不同书籍的艺术设计，灵活运用着不同的思维方式。在构思书籍外部的形态及视觉传递设计时，艺术的形象思维发生主要作用；在解析书籍内在结构，实施并完善其功能时，主要依靠科学思维的能力。在科学思维和艺术思维的反复交叉中进行设计和创新的探索。设计思维以艺术思维为基础，与科学思维相结合，相互沟通、相互反馈。科学的归纳、客观的数据、规律正是形象建构的可靠依据。

在书籍艺术设计的复合过程中，艺术思维具有相对的独立性，并居于重要地位。面对书籍设计，设计师以形象的分析、比对、组合、变化作为自己必须解决的课题。设计时必须用形象的方式表现科学的抽象思维所得的结果，设计师的设计就是解决书籍形态的建构。

设计思维从根本上就是创造性思维，具有非连续性的跳跃性特点。每一部具有创新构想的书籍艺术设计作品，书籍艺术设计师应具有正确的思维定向、艺术修养、思维能力、文化素质、阅历等综合性的高级思维方式，才能担任社会使命，竭力创造出书籍的高品位及完美的新形态。

四、提炼设计元素创造新的书籍形态

关于书籍形态的创新设计活动的总体目标，就是为了完成某种书籍设计的任务而进行的智力型、整合性的系统创新活动。它以文化知识、艺术、技术作为设计要素；以书籍销售市场、文化宣传为载体；以文化市场需求、印刷装订、书籍营销的流通、环境及阅读活动的过程联成结构。引导读者提升书籍品质，筑造精美的书籍文化，体现出功能性。创造更多的书籍新形态，使读书成为公民生活的重要部分，构建社会和谐的文化生活，提高公民文化素质，成为书籍艺术设计的目标。

1. 设计师的创新思维能力

书籍艺术设计师的设计思维能力本就是创造性的思维能力，它具有书籍文化的原创性，对于原著则是重新的二度创造。创新能力至为重要，书籍艺术设计师的思维过程包括直觉思维、灵感、意象的迸发、想象的延伸、图形构想、外部及内部形态的解构与结构、组构的假设和论证。对于整本书籍的信息之视觉传递，进行艺术的运筹，在调整修改的反复实践之后，才能完成创新的设计。恰巧创新思维所要解决的某些问题正是创新的未曾有的新内容和新形式，解决了未想到或从未有过的模式。所谓创新思维就是各种思维方式的整合。设计师从对书籍文本形态之设想、策划、创作、装订、阅读、销售等整个过程皆在设计之中。创新思维必备鲜明的独创性。

书籍艺术设计师的提炼设计元素，通过敏锐的感受，设计语言恰当、联想丰富、表达巧妙、灵活运用、精益求精及独立的标新立异。培养了自身的创新思维能力。例如设计师唐勇为第二届中国三宝国际版画与陶瓷联合展览而设计的画册封面，以解构的创新思路，运用符号化的中国将军罐瓷器与作衬的西方版画形成对比，轻松的色晕和线绘交融。在此，中西的文化艺术经解构再重构，对比又统一，相互包容地并存了。（图 5-2）

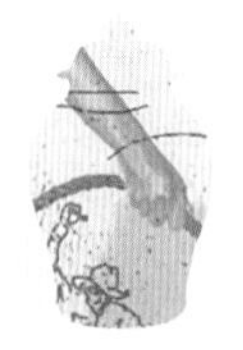

图 5-2
《版画与陶瓷的交流》

2. 提炼设计元素创新的书籍状态

书籍艺术设计师以空间认识能力及表现能力作为创造书籍形态的核心，应具有视觉传递的设计意识、设计思维、设计的艺术表现以及书籍艺术设计的创新能力作为根本的业务素质。造型的技术能力包括电脑、摄影、手绘。

书籍艺术设计的视觉传递，在于设计、选择最佳视觉符号以备准确地传递信息，再决定书籍形态、色彩、结构、装饰时从书籍的文化内容中提炼相关元素。例如在 P62 页所示图例：《论冯特》，设计师在设计时就抓住了冯特多变的立场这一特点，把多变性的各个立足点抽象成一个圈状的符号，这种绝妙的元素提炼发挥在书籍艺术设计中，深刻地反映了原著的主题。

设计时不仅要有创新的思维能力，还得具有多学科知识，便于从原著中提炼必要的设计元素，以相应的艺术表现形式做准确的视觉传递，强有力地反映原著本质。这种创新具有导向性，引导着阅读。

3. 创造新的书籍形态之例

（1）《BOOK》由吕佳彬设计，荣获由斯洛文尼亚主办的国际图书设计比赛的二等奖。其设计的亮点在于突破了纸质材料的陈规，代之以特殊的纺织面料。此面料挺刮光滑，书的形态十分别致，设计语言有丰富的转换形式，有一般的印刷，还有精致的电脑刺绣。展开封面之后有着强烈的民族艺术形式——剪纸拉花，它饱含着游戏的意蕴，还具有民族的风情。吕佳彬的书籍封面上的拉丁字设计采取了国际现代设计的减笔字体，颇厚重的拉丁字造成极为简约而强大的视觉冲击力。其提炼的民族设计元素，创造出新的书籍形态，受到国际图书设计比赛评委的一致好评，吕佳彬亲赴卢布尔雅那领奖。（图 5-3）

（2）《屈原》由徐子仙设计，将书籍形态创新为绿色的粽子形态。以红色书名贴与粽子的绿色造成对比，呈大绿小红的补色关系，只是以面积大小的对比缓和了红绿的矛盾。那鲜明的绿色使人联想端午节水边上摇曳的芦苇叶片，甚至能感觉到芦苇特有的清香，以及煮熟后的粽香。徐子仙从屈原的爱国思想中提炼出的设计元素，历史文化之悠久，附之于民俗之情，人民为了纪念楚国

图 5-3 吕佳彬设计的国际获奖书

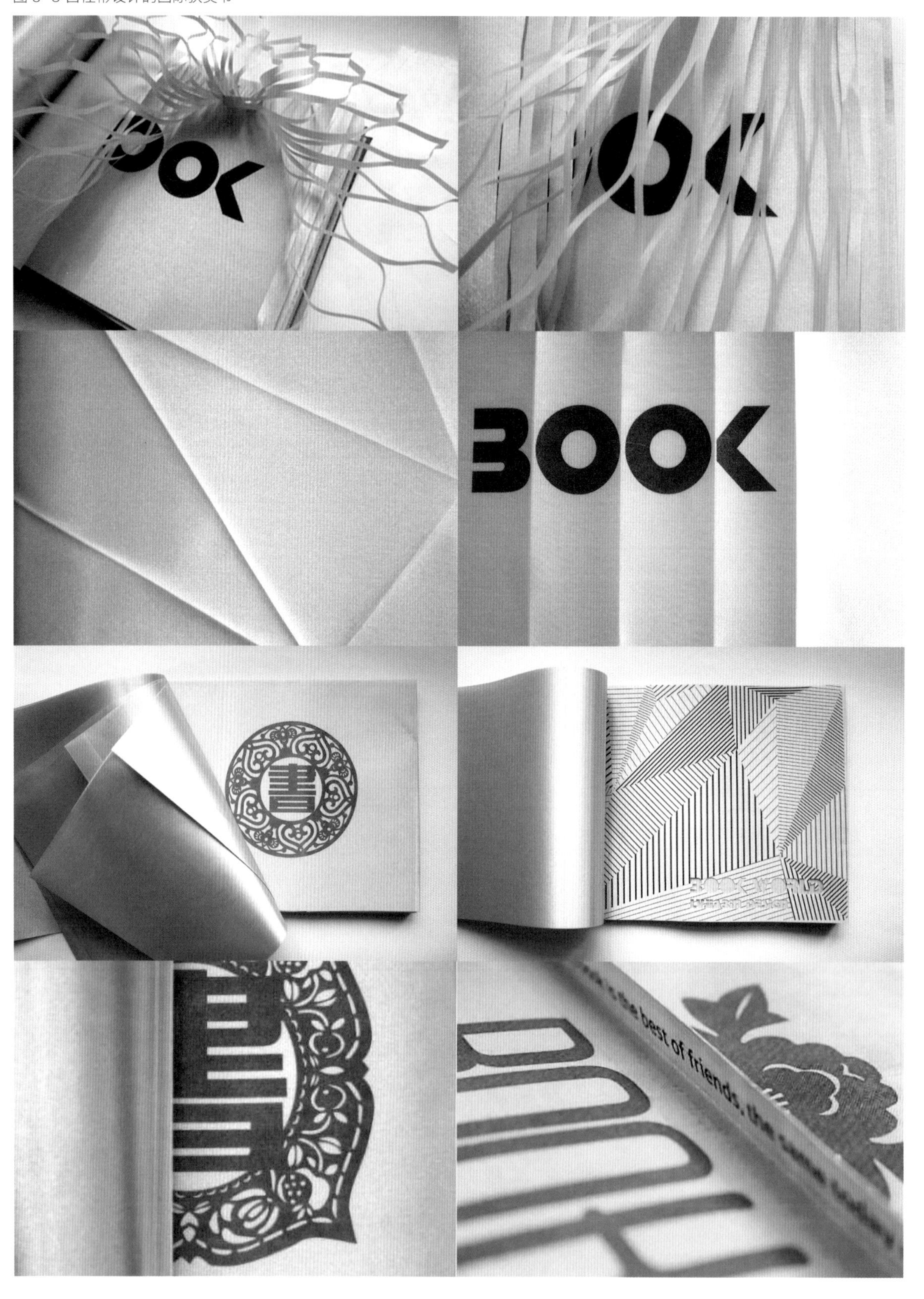

大夫屈原为报国而投入滚滚的汨罗江，楚国人民为保护屈原的遗体，而用芦苇叶包了米丢入江中喂鱼。楚文化积淀出端午节民俗，有了吃粽子、熏艾草、驱五毒的端午节民俗，人们赛龙舟更是古代楚人为救屈原而竞舟的延续。（图5-4）

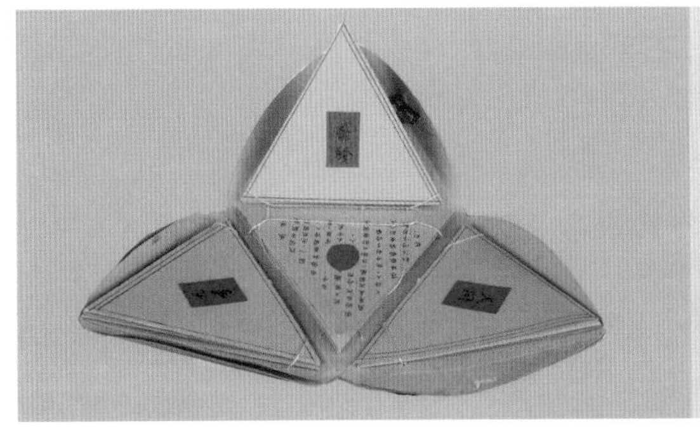

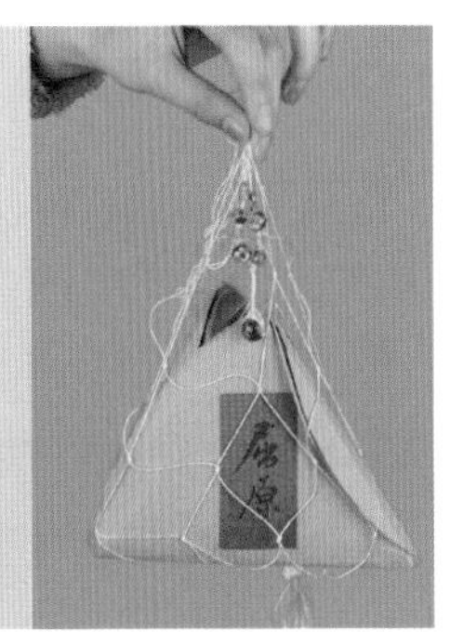

图 5-4
徐子仙设计的粽形书

徐子仙为了解决粽形书外部结构，选用了四棱形，以一个三角形作底，其他三个三角形相互黏搭联接，吸收民间的络子技法，用线编结出一个悬挂粽书的络子，使之通透，视觉上一目了然，绿色和粽体传递了民俗文化。红色长方的书帖以墨手书屈原二字，传递了书主题庄严的信息，打开相黏搭的三页，屈原的“天问”“离骚”“九歌”各附在封里，皆是与封面相同的三角形，有著作的体量厚度，有书面相同的长方书帖，以线固定下方的两角。三角形书卷放取亦方便，其巧妙地将封面处理双层，内层可以藏线角和黏搭，外层书封光洁利索。内部的底面上放置着一册介绍屈原的三角形书卷。徐子仙大胆创新的“粽书”有概念书的特点，他将屈原的文学巨作和民俗文化、书卷气质与食文化融为一体，直观地从形态、色彩、工艺创作融入了直观的视觉符号。

（3）《午后时光》，南妞设在一只挂着“午后时光”字牌的藤篮里放着用各种纸材制作的三明治、吐司，看来是为下午茶准备的，这种把书页夹在仿制的“食品”中，视觉的刺激产生了通觉，甚至使人仿佛闻到了三明治和吐司的烤制香味。儿童和青年人对于这类概念书特别会被吸引，在抽出“书”时，

图 5-5
南妞设计的《午后时光》

兴奋和好奇使读者与这种概念书发生交互。（图 5-5）

（4）李祥莹设计的《玫瑰之约》，他用色彩皱纸亲手制作了一把玫瑰花，插在棉纸制的花盆中，木牌上的“玫瑰之约”便是书名。书页被巧妙地安放在花茎之中，而花茎使用圆珠笔芯做的，将书页卷夹在笔芯里，可以抽拉阅读，颇有神秘的简约之感。显然李祥莹的“玫瑰之约”是反映爱情的，人与花接触时是人与花互动，一旦抽阅书页时，即是人与人互动了。而且玫瑰花有红的、白的、蓝的，它们又象征着什么？那得由读者联想了。（图 5-6）

图 5-6
李祥莹设计的《玫瑰之约》

（5）《圣诞立体书》由勋玉文设计。这本立体书，主要的装饰材料选用了柔软、色彩明亮的织布。在封面部分主要运用线的缝纫边装饰，以及配合圣诞主题的可爱造型。并以雪花、圣诞树、糖果这样的圣诞元素加以点缀，作为搭配，呈现出气氛浓厚的圣诞感觉的封面。

内部使用了多种立体结构，主要是彩色的纸雕来表现出的圣诞小物。以红色、绿色、黄色作为主要的颜色。隐藏的立体结构配合多种展现手法，极具互动性。

与普通立体书不同的是，本书在嗅觉方面加以延展，创出了巧克力味道的感官体验。在阅读时甜甜的巧克力伴随其中。

封面的部分采用了圣诞的经典颜色，红绿的色彩搭配给人强烈的视觉冲击力。 下面是封面的各个细节的详细说明：

①花象征着季节，渲染出圣诞节的冬季气氛；

②圣诞树当然是圣诞节必不可少的主角；

③旗的装饰品说明了圣诞节日的欢乐气氛；

④布的材料加上缝纫线的造型展现了书的名称。加上小珍珠的装饰，不同材料的融合，不同交叠方式的摆放；

⑤果棒也是圣诞节日必不可少的元素之一；

⑥布手工设计的圣诞老人与圣诞熊造型，用珍珠制造出围巾的轮廓很好地与题目元素呼应；

⑦色线锁边，丰富了主题氛围；

⑧线制造出雪花的造型，丰富了画面背景。

织布真实柔软的触感加上各个圣诞元素的相互呼应呈现出浓厚的圣诞氛围。但是不仅仅如此，这本立体书中，嗅觉也是很重要的感官之一。运用了香薰的手法使立体书散发出浓浓的巧克力的香甜气息。

读者不仅只被封面吸引，香味同样成为了重要的吸引线索。背面是相同的靴子造型的装饰，雪花是用金银线交织而成的。（图 5-7）

图 5-7 勋玉文的圣诞立体书

（6）冯丰既是《方向》一书的原著者又是设计者。衬出书题“方向”及两个不同方向的洒有许多红、绿、黄、紫、小三角形的黑底上贴开口正中偏上，以白三角形、小白三角形附上了一排小字，指南针的方向指向永远不会改变，就像我心中的指针。

环衬是白色，扉页、书名仍然是书封上以三角形（标志基本形）组构的“方向”两字。而目录页则大创新，遍布排列各异但又十分规则的小三角形。再用微妙的小三角形色块填出镶嵌式的冯丰的肖像，块面处理得很含蓄，但很像其本人。肖像下有其自述：“我叫冯丰，自认为是跨越很多领域的平面设计师。可能是我太过自信或者说是些许自大，我对目前这个称号的定位还不太满意。我希望继续学习新的东西来填充自己，丰富自己。”

冯丰说：“一位老师告诉我，平面设计是一种极具智慧的职业。我对这一点深有体会。在设计过程中，我会面对各种问题，各种挑战。可能是设计的来源，可能是表现的手法，可能是成本的控制。作为一个设计师必须独自面对这种种问题。所有我上面说的要跨越多领域，也就是成为一个设计师的必备条件了。当然，这需要不断实践，不断探索，更重要的是要有一个设计师的职业信仰。虽然在设计这条路上，我才刚上路，但是这个方向我永不会变，执著坚持！”

目录的每一篇章的头上，有彩色的两个小三角形如飘扬的旗帜。篇章题目皆由中英文对照，编排既变化又统一，独特而丰富的层次超过了很多出版物的目录页。

在字体设计章节中介绍：这组设计的灵感来源也是整个画册形象设计的灵感来源 —— 指针。有一次我在玩指南针的时候，突然觉得它很有趣。指南针非常执著，不管你怎么调整它的位置，它的指针一直指向南方。指南针这种执著给我灵感，我尝试将用指南针的三角形完成图形和画册设计。（图 5-8）

在设计创造过程中，发现三角形的伸展性很强，可以组合成各种有趣的图形。我利用三角形这个基本形完成了这种字体设计，同时也想把指南针的精神渗透在这组设计里面。

请注意：四页字体设计，利用了硫酸纸的透明性呈正形，而掀开另一页呈负形，未反映创作思维的过程，附上了印刷的草图页，显得真实而生动。（图 5-9）

招贴与插画设计中，即窥视生活在盒子里的人，冯丰认为：“现代的都市生活在一个自己的盒子里，人与人之间的交流变得有些尴尬，很多时候我们获取他人个人信息的途径变成了道听途说。有时候人们渴望分享自己生活的同时

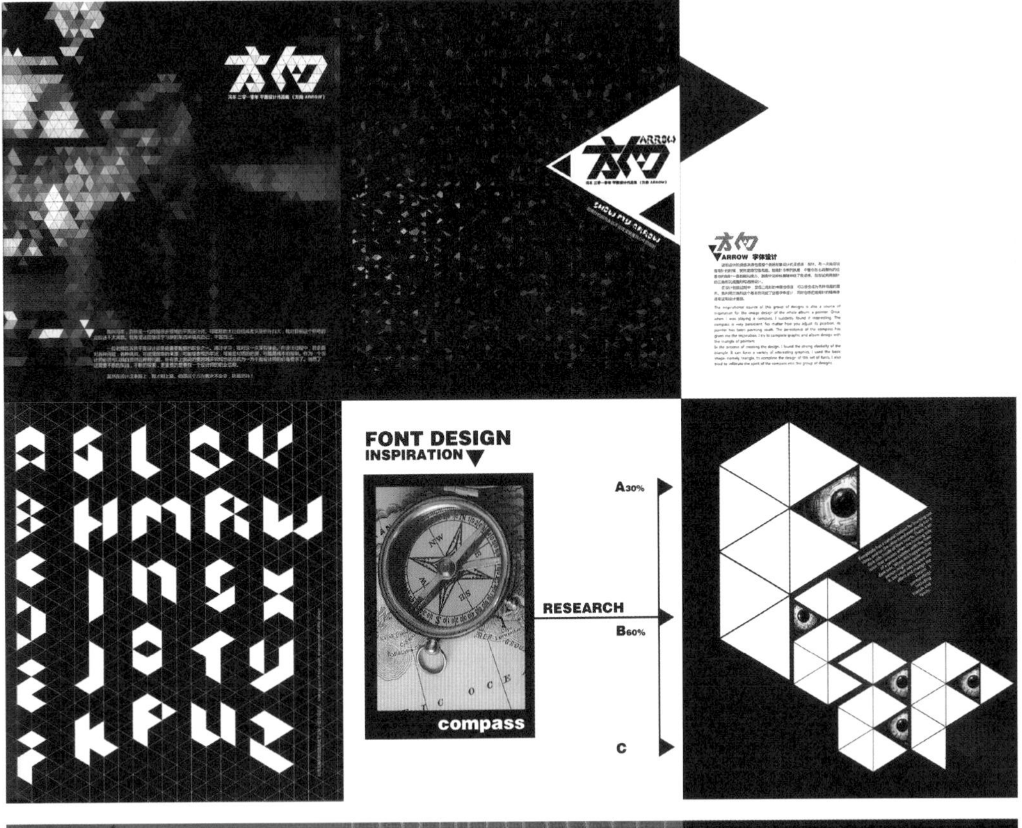

图 5-8 冯丰设计的《方向》

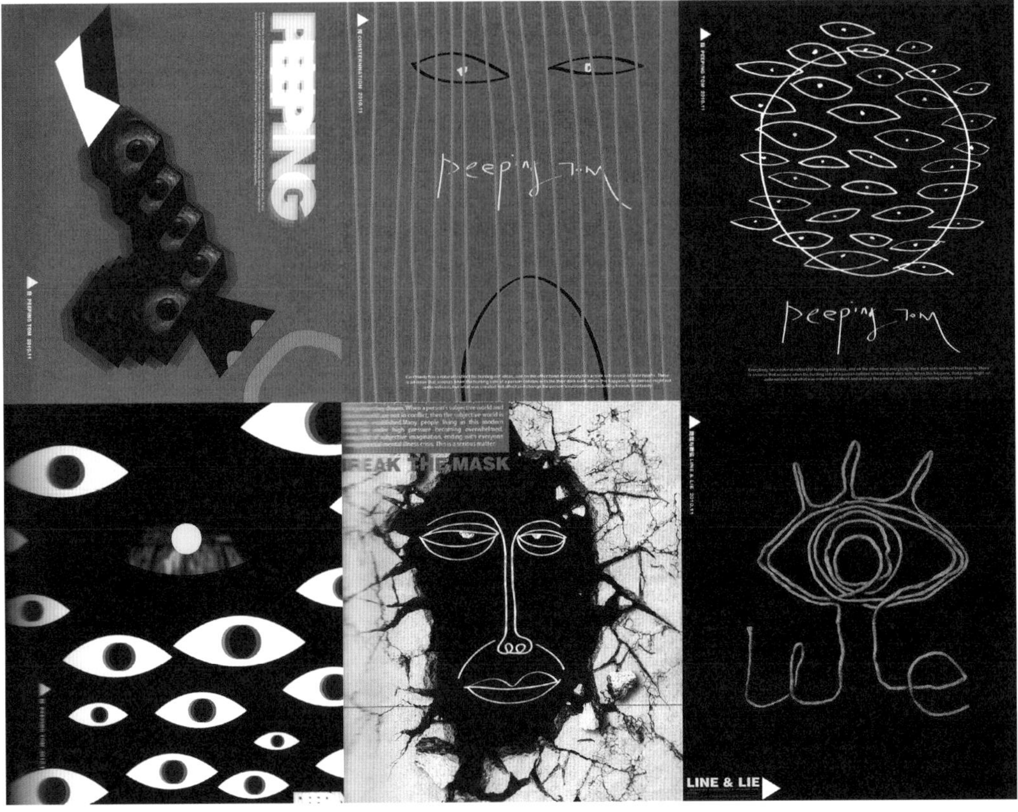

图 5-9 冯丰设计的《方向》

又在极力保护自己的私密空间，这样不自觉地把自己装到了盒子里。但是与生俱来的猎奇心态让人不自觉地想去偷窥别人。这样近似变态的渴望了解别人的交流手段反而使人与人之间更加疏远。”

“这是人的一种心理问题，同样是一座城市的心理问题。如何改善人际交往的环境？这是一个问题，在这组设计中我大胆使用对比强烈的颜色表达偷窥的刺激，同时用简单的线条和图形表现一种紧张，并且尝试用模糊的感觉表达那种半遮半掩的交流窘境。这种设计灵感的来源是猫眼。每家的大门上都有猫眼，这只眼睛可能成了你认识邻居的唯一窗户。”（图 5-10）

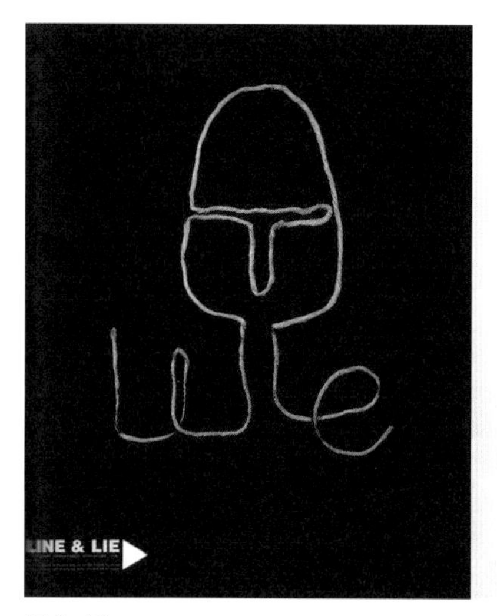

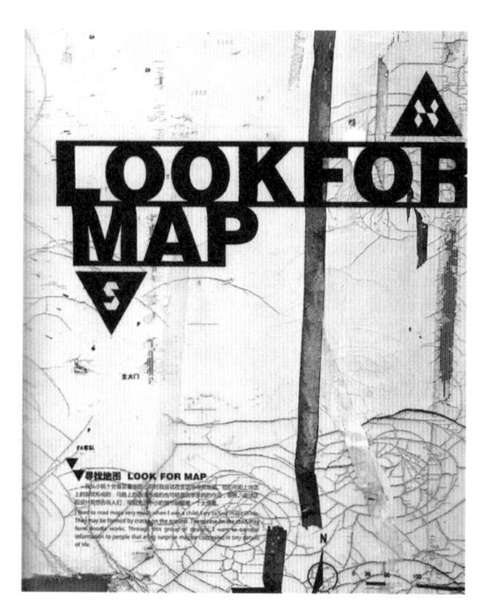

图 5-10
冯丰设计的《方向》

冯丰的草稿页和各种揭示眼的窥视和窥孔的插图之艺术转换，角度丰富，有丰富的社会性、哲理性，思想深刻、思维敏锐、构想奇异、画风多变。有的类似涂鸦，有立体造型的，有漫画式的，还有点、线、面的构成，跨越了不同领域，反映了其思维的辐射性，连接的流畅性。

在摄影招贴的设计篇中，击碎面具将各种人像置于玻璃之后，冯丰说：“许多人在当代高压力下变得不堪重负，出现很多主观臆想，社会上的每个人都有潜在的心理疾病危机，这将是一件严重的事情。”他认为人都有面具，打碎之后才能见到真实面貌。

在摄影与插画设计篇中，称之为和谐细菌部队的 TUNY，指明设计师一种“线”象，他说：“line 单词中，我将 n 变形，组成新的图形；用图形来讽刺组成的新单词 lie。”冯丰展示了自己的创新思维：“这组设计的灵感来源于毛线，设计中我尝试用毛线组成一些有趣的图形，与此同时我利用 lie 和 line 两个单词的细小差别，完成了这组创意，意在表达一种社会的诚信危机。”其用摄影拍摄了一双美丽的大眼睛从线束后的窥视，又用天然麻线创作了猫眼、手机、心脏、耳、相机、鼠标、嘴，将感官接受的信息经大脑处理反馈造成了通感，以及社会上的信息管道的处理传递，接收信息传导之感应联想的产生。冯丰十分幽默地说了个小故事：“我奉命执行计划，已在调查清楚‘和谐部队’的所有底细，我不得不承认‘tuhy’这是一帮疯狂的家伙，它们已经将部队秘密地置入了人类感官中了，它们利用自行研制的科学武器和生化系统，正在改变着人类的感觉和思维体系。”（图 5-11）

图 5-1
冯丰设计的《方向》

在寻找地图插图设计篇中，冯丰说：“我从小就喜欢看地图，同时我尝试在生活中寻找地图，它们可能是地面上的裂纹形成的，马路上的油渍形成的，也可能是信手涂鸦的作品，等等。通过这组设计我想告诉人们，可能生活中的小细节却藏着一个大惊喜。也许其发了少年狂，用照相机与拍摄开裂、剥落的白色石灰墙壁，脱漆而生锈的大铁门；在电脑上将微观的形态、色彩分析转换，颇有地图的意味，比地图更有视觉的丰富性。”

在 3D-vip 品牌设计篇中，冯丰告诉我们：“这组设计创作的来源依然是指南针。利用三角形的变形来完成这个设计。3D-vip 是我做的一个时尚品牌，包括服装、玩具、文具、礼品和各种时尚配件。理念中依然体现指南针的精神力。3D-vip 的很多形象使用三角形表现大家热爱的人物，包括：卡通人物、伟人、超级英雄，还有神话人物。第一，我想体现的是，不管你在社会中扮演怎样的角色，都必须是为社会作出贡献的，同时也因为都为社会作出贡献而平起平坐，没有高低贵贱，没有种族和行业歧视；第二，设计中所有人物都是尖脑袋，整体造型中，我尝试使用了 3D 拍摄，所有的海报在红蓝眼镜后面都将产生非常真实的 3D 效果，也是我这次尝试的一个小创新。”

在冯丰的这本书里，编排的章节之间、页面之间常常是用不同大小，不同色彩的三角形联接。

（7）概念书《水》，尹妮受谭盾的音乐作曲《水》的启发，专门拍摄了各样水的视觉现象，更多是偏于微观的，甚至两层塑料薄膜间的水形态，似乎将色彩渗入水中，也有尽兴泼洒的画面。文字极少，以水的不同形态编成了《水》这样一本书。随心而至的概念书，使人联想起水性、水珠、水花、水痕、水汽，它们富于音乐性，随编排的对比变化而产生节奏和韵律，当真在耳畔响起了谭盾的水声音乐。（图 5-12）

图 5-12 尹妮设计的《水》

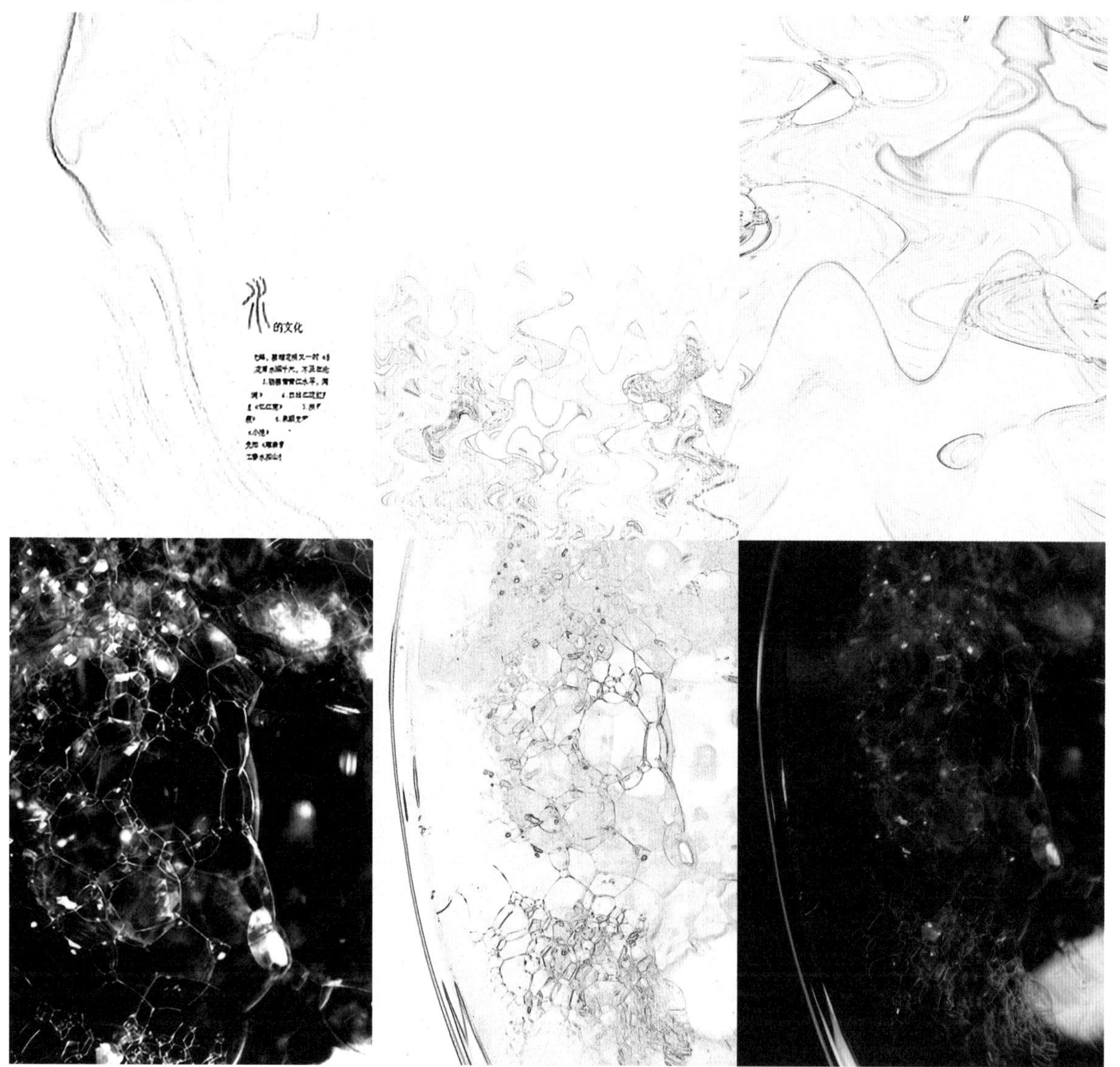

6

第六章 民族风格的探索与融合

一、对民族文化艺术元素的合理提取

1. 引导读者及与国际接轨

书籍艺术设计对民族文化艺术元素的合理提取是为了贴近广大读者，并以民族的风格独立于世界的书籍之林。鲁迅先生早已说过：“文艺本应该并非只是少数的优秀者才能鉴赏，而是只有少数的先天的低能者所不能鉴赏的东西。倘若说，作品愈高，知音愈少。那么，推论起来，谁也不懂的东西，就是世界上的绝作了。但读者也应该有相当的程度。首先是识字，其次是有普通的大体的知识。而思想和情感，也须大体达到相当的水平线。否则，和文艺即不能发生关系，若文艺设法俯就，就很容易流为迎合大众，媚悦大众。迎合和媚悦，是不会于大众有益的。”

为了培养读者，引导读者重视民族文化，吸取民族传统文化艺术的精华，合理提取设计元素，发挥于书籍艺术的二度创作之中，使读者亲近民族文化，孕育爱国之心。我们不能消极地迎合，更不能媚悦读者，应积极地将民族文化发扬光大。

鲁迅在致陈烟桥（笔名李雾城）信中说：“现在的文学也一样，有地方色彩的，倒成为世界的，即为别国所注意。打出世界上去，即于中国之活动有利。可惜中国的青年艺术家，大抵不以为然。”他所说的道理即是民族化的文化，亦是世界性的。民族性的文化和地区本土文化才真正有魅力。

2. 从民族文化艺术传统中提取设计元素

可以将经历史流传下来的思想、道德、风俗、心理、文学、艺术等人文现象皆视为一定的文化传统。各民族有自己的传统，人类所创造的文明越多，传承的东西就越丰富。但有生命力的传统虽是历史积淀而成的，但却是发展变化的。传统的文化有相对固有的文化艺术形式，而文化传统是以精神、思想为主体。当只有对传统文化中的民族精神的认同，才能理解中华民族的文化艺术传统精华之可贵。

当今的文化既来自传统，又来自当代，既是本民族的，又是外来的，它应该是当代文化、传统文化、中西文化的全面整合。作为书籍艺术设计总是发展的，在文化发展的潮流中，发生着交流和对流。例如书籍艺术设计大家钱君匋、曹辛之、吕敬人的作品，都是成功地从传统文化艺术中提取了合理的设计元素，积极地发挥于书籍艺术设计。绝不是肤浅地做面上文章，简单应用传统文化艺术的图形、符号，而是对文化内涵里的有形、无形、意蕴而隐喻的，既是物质和结构的，又是精神境界的，设计大家把握住传统文化的根系、文脉、民族精神的核心，把这种提炼出的设计元素融入到现代的书籍艺术设计之中。

二、再造想象完成二度创作

吕敬人说："我要求学生不仅仅只是编排别人提供的素材而已，他必须具有对原始信息进行再造的意识，寻找与内文相关的文化元素，引进升华内涵的视觉想象，提供使用书籍过程中启示读者感受的最为重要的'时间'要素和书籍设计语言的多元运用，书籍设计应该具有与内容相同的价值。书应成为读者与之共鸣的精神栖息地，这就是本课程的核心。”

书籍艺术是将书籍文化内涵视觉化，并由视觉传递书中的文化知识信息。设计师读透原著，并以视觉传递的角度，从原著中提炼出设计元素，使之视觉化，从设计的审美要求进行更高层次的解构和重构、艺术形态的合理转换，驾驭多元化的设计语言，协调内、外表现形式，使形式符合内容，经过设计师的设计再创造，经过视觉想象拓展了原著的容量，增强了表现力，使原著的内涵得以升华。

书籍艺术设计师的创意、构思、表现形式的探索，直到设计稿的完成，并对各种物质材料的精选，对生产工艺、科技层面的全面综合的整体性思考，使内容与形式高度统一，充分发挥书籍功能与审美性。从外部设计到内容设计，确定开本，印刷工艺、装订方式的策划及总体的设计，都体现了设计师二度创作的价值。

1. 以《三毛流浪记》一书为例

1995 年 10 月上海少年儿童出版社出版了《三毛流浪记》（全集），根据 1947 年《大公报》刊登的照片，补充了 6 幅原稿，是出版最全的一部，作者是著名画家张乐平。

寥寥数笔就将被旧社会奴役、凌辱的流浪儿童刻画得真实而生动。他的瘦小身躯上顶着大头，头顶上只有三根头发，所以称之为三毛。通过流浪儿的悲惨遭遇，揭示出旧社会的残忍不公。漫画的艺术语言强烈地刺激了世人的视觉，唤起来自灵魂深处的同情心。尤其能教育孩子们辨别善恶，视三毛为朋友。三毛陪伴了两三代人的成长。

张乐平自小受父亲的美术启蒙教育，1927 年即创作出迎北伐、反军阀的画，20 世纪 30 年代成为上海漫画界有影响力的画家。由于他长期关注社会，在 1935 年暮春创作出三毛漫画形象，其夸张、令人怜爱的天真造型吸引了众多读者的兴趣。

1937 年张乐平担任了抗战漫画宣传队副领队，坚持抗战直到胜利。1946 年，张乐平创作的《三毛从军记》在《申报》发表，另一传世之作《三毛流浪记》

在《大公报》连载，引起轰动，他深刻地反映了当时的现实。

张乐平在宋庆龄支持下，于 1949 年 4 月义卖“三毛”原作，创办“三毛乐园”，收容流浪儿童。1950 年张乐平担任中国美术家协会上海分会副主席等社会职务，60 年代不但创作了大量时事漫画，还完成了儿童系列漫画：《三毛翻身记》《三毛今昔》《三毛新事》《三毛迎解放》，使三毛穿越了岁月的时空，随着社会的改变而新生。1977 年张乐平让三毛乘着时代的高速列车，顺着中国重要的不同历史时期，到未来的太空探索高科技时代，导致连环系列漫画复出，如《三毛学雷锋》《三毛爱科学》《三毛与体育》《三毛学法》等。

1983 年张乐平荣获全国先进少年儿童工作者称号；1985 年荣获首届中国福利会樟树奖。

1989 年，在台湾地区以三毛为笔名的著名作家陈平千里来沪寻“父”，传为文坛佳话。张乐平以《我的女儿“三毛”》一文获中央人民广播电台“海峡两岸情”征文特等奖。

这是世界上书籍转换得最为丰富的文化范本，创作出了反映中国人在各个不同历史时期的民族情感，满足了世人的精神追求，是艺术元素极为鲜明的不朽的虚拟形象，成了三代人心目中挥之不去的经典。

1958 年从漫画连环画系列改编成其他形式，如 1949 年发行电影《三毛流浪记》《三毛学生意》，1990 年的舞剧《三毛流浪记》，2000 年在香港演出的舞台木偶剧《三毛太空漫游》，2005 年上海城市规划馆展示馆的虚拟导游《导游三毛》，2005 年新媒体卡通戏剧《三毛从军记》，2006 年动画剧《三毛流浪记》，2007 年网络游戏《三毛欢乐派》，2007 年特奥会吉祥物《阳光三毛》，2010 年大型人偶卡通剧《三毛流浪记》，2010 年杂志魔术情景剧《三毛流浪记》，2010 年动画剧《三毛奇遇记》和《三毛从军记》。

三毛的形象深入人心，永存于中国人的精神世界里。他在不同时代获得不同的命运，从旧社会孤苦伶仃饱受苦

图 6-1
《三毛流浪记》系列设计

图 6-1
《三毛流浪记》系列设计

难的孤儿成为新社会的阳光儿童，接受时代的挑战，信心十足，在未来先进的社会里获得了充分的发展。三毛形象是中国元素的融合，在中华民族的血脉中永生，他体现了过去的苦难、现在的卓越，更能展望光辉的未来。（图 6-1）

2. 以《小猪佩奇》一书为例

2013 年 4 月卡通式的绘画本书《小猪佩奇》正式进入中国。佩奇一直是幼儿园的小女孩，读佩奇故事的孩子们以及弟妹们都陪伴着小猪佩奇快乐成长。佩奇受到全世界孩子和家长的喜爱，她每天都能和孩子们黏在一起。

《小猪佩奇》原是英国学前电视动画系列，以儿童为收视群而策划、编剧，由利维尔 · 阿斯特利、麦克 · 贝加编导，播出 312 集，还有 3 集特别篇。针对学龄前儿童对娱乐、社会及家庭教育、学校教育的需求。

《小猪佩奇》每集播放仅用 5 分钟，安排在上学前和放学后。佩奇是一个拟人化的猪女孩，有着浅玫瑰色皮肤的可爱样子，故事皆以日常生活、家庭亲情、动物朋友间的友爱、学前的各种有趣活动为内容。还设计了亲子共同观赏的部分。特别注意以儿童感兴趣的艺术表现形式，比如用动画布偶及鲜艳的画面吸引了儿童的视觉注意力，产生了勃动的情感，特别乐意与之互动、交融。

《小猪佩奇》被译成多种语言，在全世界放映，备受大小朋友的喜爱，大小观众均被四口之家的胖嘟嘟、浅玫瑰色的小猪迷恋。由英国快乐瓢虫出版公司将《小猪佩奇》改编成绘画书，向全球发行。

2013 年企鹅中国与安徽少年儿童出版社共同引进绘画书《小猪佩奇》。2016 年 10 月，适合于儿童互动、易于操作的《小猪佩奇》贴画纸书面世了，深受市场的欢迎。2017 年还出版了双语版书的《小猪佩奇》，不但能看故事，还能满足语言学习之需。紧接着又出版了 3D 立体拼插书、双语纸版书的《小猪佩奇》第三辑故事书。

因为故事贴近孩子们的成长经历，故事情节亲切、易懂，一种英国式的温和、平暖的气氛，有小状况总能平和处理。表现了生活中孩子原本的状态，教育家长要懂得欣赏孩子的天性，角色们各有特性，但都很阳光，反映的是积极的正能量。对孩子的温情感受、受到智力和常识的启蒙教育，亲子绘本使家长和儿童均受益无穷，使家长感受到儿童纯真而感动。让家长变得聪明一些，讲究培养儿童的学习兴趣和坚持性，认识到营造温暖的家庭环境对于儿童成长的必要性。

《小猪佩奇》在教育儿童要勤劳、乐观、豁达、优雅时融入了英国民族的自信幽默。

《小猪佩奇》的故事重视了孩子们的审美情趣。以动画造型塑造了角色形象，简洁的平面化充满稚趣，根据儿童的心理进行鲜艳明亮的对比色搭配。创造了圆头大鼻的几何化可爱形象，深受世界各国的儿童喜爱。（图 6-2）

图 6-2
《小猪佩奇》系列设计

3. 以《查理 · 布朗》一书为例

《查理 · 布朗》是美国漫画家查尔斯 · 舒尔茨（Charles Schulz）在《花生漫画》发表系列作品的主角，于 1950 年 10 月号首次登场，塑造了外形是光头，身着锯齿纹图案 T 恤的小男孩。显然他不属于天才之类，而且还不优秀，却是一个再平凡不过的、性格憨厚、温和而缺乏自信的老好人。虽然尽力办事却总是惨遭失败，屡遭朋友的嘲讽。除了宠爱小猎犬史努比之外，还暗自单恋着红发女孩。

查尔斯 · 舒尔茨的亲身体验、经历、情绪作为创作查理 · 布朗的客观素材，自己将风筝挂在树上的体会，加之屡遭失败的忧郁不安，都在查理身上有所反映。作者认为查理 · 布朗是个遭遇倒霉事的家伙，代表普通人的讽刺写照。我们多数人更常面临着的是失败，胜利固然很棒，但不会让人觉得好笑。

《旗帜周刊》的专栏作家克里斯多福 · 考德威尔认为，查理 · 布朗最大的优点来自于他的韧性，他可以是个失败者，他也可以是个领导者，他并不是徘徊在快乐或不快乐之间，而是在成为英雄与成为最棒的人之间。

将《查理 · 布朗》改编成动画剧的制作者认为，《查理 · 布朗》是克服了露西（爱抱怨的女孩）或其他暴力威胁之下的终极生存者。

《查理 · 布朗》在《花生漫画》刊出获得强烈回响，人们认识到这类平凡的人之忠诚可靠，是经得起考验的。1969 年的登月计划阿波罗十年里，又将《查理 · 布朗》引用作为其中一艘指挥舱的名称。美国娱乐杂志《电视指南》则把《查理 · 布朗》列为史上 50 个最出色的卡通角色之一。

2005 年 11 月，史努比儿童图书系列由陕西旅游出版社出版，查理 · 布朗也成了中国读者的好朋友。

作者将冒失、笨拙、坚韧、忠诚的查理 · 布朗塑造成圆圆的脸型，形象十分平凡，常有不安的木讷神情，又总是温和地承受失败，缺乏自信但不气馁，他光着头与宠物狗史努比相依，对朋友极为友善。查理 · 布朗的形象没有停留在文化传媒的体系中，被流行文化市场广阔的美国社会全面接受，发挥了查理 · 布朗的形象的商业价值，于是根据社会生活的应用需求，并发生了跨国界的设计销售，包括查理 · 布朗的绘画书、查理 · 布朗贺卡、查理 · 布朗抱枕，查理 · 布朗背包、查理 · 布朗水杯、查理 · 布朗 T 恤、查理 · 布朗甜点和冰淇淋等书卷文化衍生的设计产品。

查理·布朗的书籍版本漫溢为流行文化，产生了向主流文化辐射的趋势，并冲击了人们的精神生活和物质生活，使人们关注到这类虽不算优秀，但非常可靠而平凡的普通人，开始重视他们的坚韧和善良，克服了传统的成见。通过流行文化的迅猛传播，将民众的价值观引向睿智，追求高物质和高精神。从书卷文化衍生设计产品的享用可见新的价值观和文明的品位。

《三毛流浪记》《小猪佩奇》《查理·布朗》三部图书在不同历史时期都各具不寻常的突破性，不仅出色地完成了书籍艺术设计的联结，还跨界转化成丰富的各种文化形象。因为它们呼唤出人们的良知，都能单纯地构建伦理和道德。

大小读者从无意识阅读变为有意识的关注，获得多元的认知。它们积极地影响了价值观，让人们开始注意在大发展的背后有着数以万计的普通人。强者本不易接受弱者对世界的感受，克服强者的优势心态，就能敬畏自然规律，尊重弱者，努力理解弱者所承受的多重生活压力，帮助提供可持续发展的空间。只有这样，大家才能共享一个健康、平安、快乐的生活空间，使社会进一步和谐发展。

春风又至，分享了小猪佩奇的家庭幸福，更觉得三毛天真可掬及查理·布朗的木讷可爱。

教育是立国之本，民族昌盛之基础。一个民族在国际上要受到尊重，应接受自幼的良好素质教育，养成阅读的习惯。读书益于人格、个性、情感、理念、价值观和道德品质的形成。

学前教育开始阅读，整个人生继续的博览群书，能够并重感性和理性，正确认知世界，认同文明价值，敬畏人世的伦理，踏实地努力进取，杜绝投机取巧、荒唐无耻的窃取豪夺。善于学习，尊重知识，不惧苦难，刻苦钻研，才可认真探讨民族的“持续”“稳定”和“有序”的文明语境。

通过阅读培养出视野开阔、格局博大、秩序良好的世界观，正确的民族文化品质自然就产生了民族性格的魅力。

优秀的书籍通过突破性的艺术设计，展现了其范畴建构所产生的不同寻常的思想格局，将民族的智慧、胸怀、情感、习俗进行文化的大联结。它的精神与物质的融合贯穿着历史，当进入生命中的阅读时，是经视觉，通过思想进入书卷文化世界的主客观全面融合。（图 6-3）

图 6-3
《查理 · 布朗》系列设计

三、民族文化艺术元素应用于书籍艺术设计的原则

民族文化艺术传统，是民族优秀智慧结晶，是民族文化艺术延续发展的内在动力，也是书籍艺术设计发展的基础，民族精神的核心是现代书籍艺术设计的精神支柱。

1. 熟悉与驾驭

设计师对民族文化艺术的熟悉和感悟，才能正确地从中提炼出与书籍内容相符合的设计元素。

所谓文化传统就是民族凝聚力之所在，民族心理、文化认同的根据，民族精神之所向。我国的传统设计在衣、食、住、行等生活方面，加之用品、玩具；民间民俗艺术，比如龙舟、风筝、春联、漆艺、刺绣，以物传情，传的是民族之情、亲人之爱，成为民族的精神信物，并成为深藏于民族内心的珍宝。设计师尽力地使传统的文化元素，融入现代的书籍艺术表现形式之中，要深刻感悟民族传统的文化符号、民族传统图形、造物形式的文化内涵，以及历史的文脉，否则不可能将传统民族的文化语言与现代的设计语言相融合。

2. 借鉴与创新

对民族传统文化艺术进行合理的提取，对于传统文化精华的借鉴，应深入学习才能很好地吸取和借鉴。面对民族传统文化的巨大宝库，认识它是现代书籍艺术设计的文化取向。世界各设计大国，皆是基于民族文化之根的设计。

我国很多著名的书籍艺术设计师既要面向时代，同时从设计的传统中进行借鉴，创造出大量新颖的优秀作品，被广大读者所认同，受到国际设计界的好评。这种书籍艺术设计的独特文化意味，体现出民族的内心深处对传统文化的认同和苦恋之情。创新的书籍艺术设计使古老文化具有的意蕴与现实生活的情

境相互融合，并产生互动，而设计过程中的创新理念，对于传统文化艺术元素的再创造却要以现代设计创意的新的视点、新的构成、新的方式进行转换和演绎。传统文化艺术元素会激发设计师创新重构合成的想象，合理的借鉴会积极推进创新的流程。（图 6-4）

图 6-4 民族文化艺术元素书籍设计欣赏

图 6-4 民族文化艺术元素书籍设计欣赏

龍門石窟
龍門貳拾品
CALLIGRAPHY
朱熹
榜書
千字文
中
千字文
南朝宋
後漢書
范曄撰
中州古籍出版社
极限图稿典藏
极限图稿典藏
封神演義
许仲琳编
齐鲁书社
中国記憶
影畫中華
影畫中華
影畫中華

图 6-4 民族文化艺术元素书籍设计欣赏

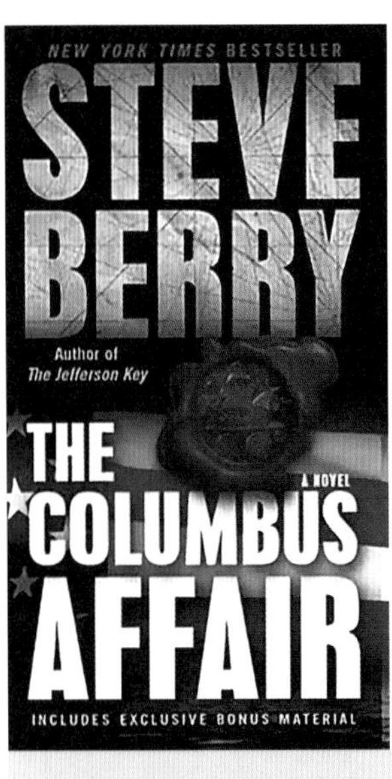

TOUCH OF DESIGN

日本の手感设计

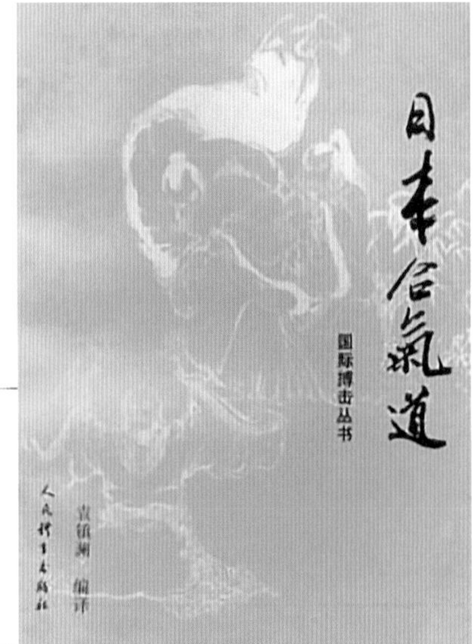

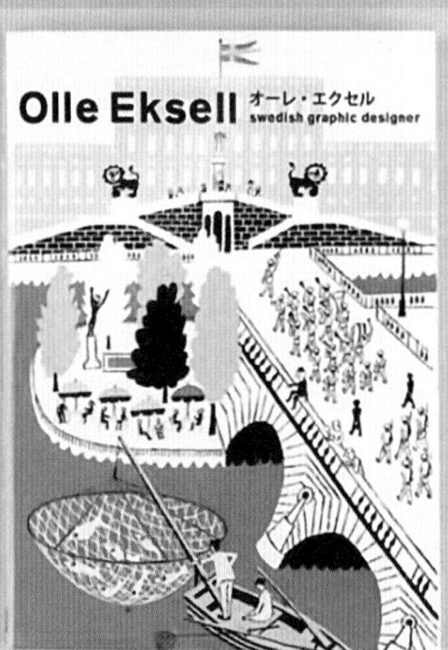

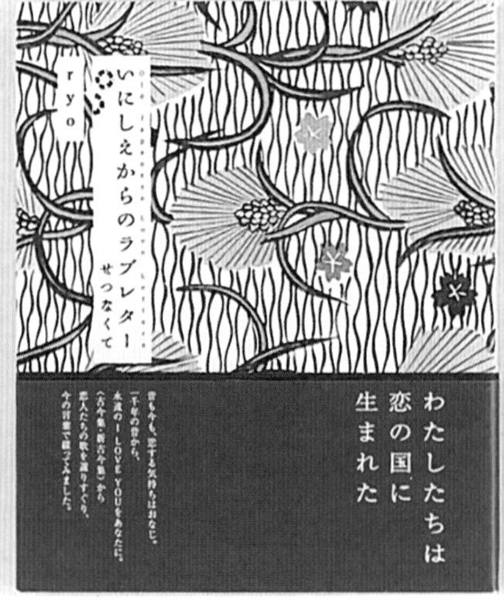

图 6-4 民族文化艺术元素书籍设计欣赏

salvia

Bonne Histoire de poulaines

恋するように
旅をして
角田光代

ショップイメージ グラフィックス イン ロンドン
SHOP IMAGE GRAPHICS
IN LONDON
LIVING FOOD FASHION SERVICE

CARTA DI PASTA

CHINESE CLASSICS

DREAM OF

Der Traum der
roten Kammer
Aus dem Chinesischen von Franz Kuhn
Mit zeitgenössischen Illustrationen
insel taschenbuch

地虫鳴く
木内昇

3. 构想与再创

从中国的民族文化艺术传统中提取的设计元素，其必经过再创的构想之变革，将文化信息源进行深入探索，拓展其文化内涵的幅度、维度，在此展开头脑的风暴、构想，涉及到联想。在这个古老的文化起点上，可以产生辐射状的联想效果，演绎出许多由母型派生的子型系列。作为母型的古老文化元素被演变而升华，拓展了母型，被现代形式所优化，与现代文明和谐共存，也可以说，创新的形式本就是现代文明之一。

四、民族文化艺术元素应用于书籍艺术设计的创新方法

书籍艺术设计之美来源于设计师的创造，体现出设计师的综合素质，包括文学修养、科技知识、哲学、美学、历史诸方面的文化素质。凡历史上的文化精品，皆为那个历史时期的创新作品。以现代审美意识对美的深度理解，将传统民族文化加以新的创造。作为书籍艺术设计，对于民族文化艺术的吸取的创新方法，名家们已各有其法。

1. 书画同源的创新

艺术家韩美林通过“概括”，寻找到文字书体的视觉舒服的古文化感觉，其将创新的“天书”发挥到黄永玉的画册和自己的画册出版物上，反映出其对中华民族的文化自信心。其选择了自己对古文字、古文化的理念和视角创造了“天书”，使人体会到大文化、大艺术、大手笔的文化气派。遵循书画同源的发生论理念，探索发现了书与画的相互依存关系，以绘画、设计、欣赏、实用相综合，从古文字中找出美不胜收的字形，加以发挥、创造。其发现积淀了数千年的中华文化里所蕴涵的丰富形象，经一生的实践终于发现了中国古文字与绘画的同一性，有了真知灼见。不仅限于古文字，还对历史学、考古学、美学、

图 6-5 韩美林的天书

结构学进行探索，认为在李斯结集秦朝的体系之后，小篆又带出隶书、楷书、行书、草书。虽然秦朝统一天下，但字体却发生了千变万化，展示了自由驰骋的历史新进程——汉简、魏碑、章草、大小草、宋体、仿宋、黑体。新的汉印、青铜器上仍有鸟篆、虫篆、蝌蚪文，等等。韩美林以艺术家视角发现宋体、虫鸟篆皆是美术字又似中国工笔国画，而大草、狂草又与中国画里的大泼墨相通相近。又由篆书移往甲骨、金文、汉简及符号、图形、象形、岩画，使创造力与联想力合成，以极度“概括”、在似与不似之间提炼出典型。韩美林将画路、字路、思路并重，以既是民族的又是现代的必经之路走向了世界。（图 6-5、图 6-6、图 6-7）

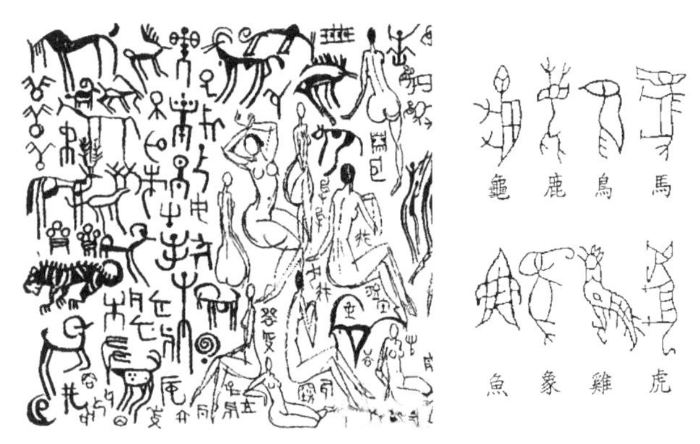

原則		舉例								釋意
象形	a	人	女	子	口	鼻	目	(手)	止(足)	人體全部或一部
	b	馬	虎	犬	象	鹿	羊	[illegible]	龜	動物正像或旁像
	c	日	月	雨	(電)申	山	水	禾	木	自然物體符號
	d	壺	鬲	弓	矢	絲	册	卜	兆	人工器物符號

图 6-6 象形字

图 6-7 岩画

韩美林除了古文字的创新，还热衷于民间艺术（剪纸、土陶、年画、戏曲、服饰等）生根于传统的民间文化艺术，用布、木、石、陶、瓷、草、刻、雕、印、杂、铸……开创了其整个艺术生涯，派生出极其丰富的创新样式。先于韩美林者，有书画修养深厚的曹辛之、钱君匋，他们也是将书法发挥于书籍艺术设计的高手。

2. 图形、符号的提炼与概括

中国民族传统文化艺术中的图形是来自于自然，加以意象的加工变化，但出于中国人独具匠心的精心处理，有的图形十分严谨、精致而经典。客观地说这样的图形与现代快节奏的信息社会相距甚远，所以在汲取时，要进行提炼，进行现代的二次减化、纯化处理，既保持古文化的本质美，又符合当代人的欣赏习惯及简化要求，经抽象、修饰，使它们依然经典而概括，本质特征鲜明。

设计师对于传统图形中的提取设计元素，常以夸张、减化、强化、二度装饰及重新组构的方法进行创新，能在一些书籍艺术设计中见到这一类的创新例子。

3. 变化与装饰

人类社会在变化，大自然亦变化不止，变化有两种趋势，一则变好，另一则变坏。作为文化艺术的流变与创造，应是善变，顺自然之势尽力将其转化为正能量，使其产生优化性的提升。例如中国传统的龙凤文化，世上本无龙亦无凤，为何我国古人能创造出龙和凤？ 龙乃集百兽之大成，凤乃集百禽之大成，中国民族的美学观是求全的，中国人持有完美的审美理想，总想实现高、大、全、美的美学之梦，即创造了意象性的大象。据说“大声音希”、“大象无形”，无形亦有形，此形非彼形，那无数形于一形。（图例：龙凤、辟邪、麒麟、宝相花）

龙有鹿之角、鲤鱼之须、蟒之躯、虎之爪、狮之鼻，凤亦是将众鸟之美集于一身，高度集优的创新，这就是便化之意象的文化造型。便是方便，随人

图6-8 龙凤、辟邪、麒麟、宝相花

图 6-8 龙凤、辟邪、麒麟、宝相花

美意之变，造型创新，于是创造出龙、凤、辟邪、麒麟、宝相花等意象造型。（图 6-8）

现代设计师也进行了大胆的意象造型。如“意象字体”“意象图形”，也应用于书籍艺术设计。而且更加浪漫随意，提取的设计元素装饰于书籍内外，很具民族气派。（图 6-9）

图 6-9
传统元素的现代运用

4. 解构与重构

在 6000 年前彩陶文化中已出现了对于鱼纹的解构和重构，汉代的漆器和纺织品、兵器上有龙纹、凤纹的结构与重构的装饰。通过其解构，能掌握局部和整体的组构和结构，能体会到个体局部的结构变化与整体造型的关系及相互影响。设计师提取文化元素时，选择有本质特征的元素，进行提炼、加工，建立新的重构。依设计师新的构想，将古文化原型加以合理解构，按局部和整体的关系顺序拆开，尽情发挥设计师的想象力和指挥的思维能力，进行主动的重构。可以直接取其局部重构，也可整个地拆开总体上的重构，可以改变其方向，亦可改变位置，甚至迭加，便会催生出创新的形态。（图 6-10、图 6-11）

图 6-10 彩陶

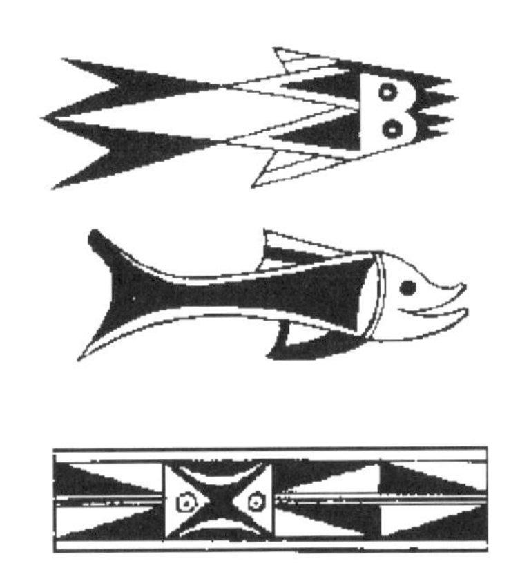

图 6-11 彩陶图案演变

5. 提取色彩的创新

中国传统色彩极为丰富，书籍艺术设计师对传统配色的借鉴并发挥于设计之中是大有可为的，中国传统文化艺术中的“五色”，又创造了不同的主色调的配色方式。楚与汉代漆器上的红与黑，及“杂五色”，在五色之外加上一些间色，具有丰富的装饰效果。

扎染、蜡染以蓝白为基调，敦煌的壁画和彩塑的色彩又是何等斑斓，若从中提炼其主色调，保持色彩的原汁，而在局部加以改变，使现代人的兴趣渗入，又将古色彩文化予以提升，便能贴近现代生活，有了活跃的装饰氛围，改变了精神属性。

尤其是中国的清代配色系，古朴端庄，提炼出设计的元素适合发挥于书籍艺术设计，使书卷文化的色彩设计与古文化的配色规律一致，可依现代人的审美心理，进行色彩的创新突破。（图 6-12）

图 6-12 色彩的创新

色彩本是书籍艺术设计中反应速度最快的视觉信息符号，它是重要的具有表现力的设计因素。它在读者视觉感受中具有情感表现力，若设计师的灵感来自民族传统的文化艺术，色彩担任表达主体情绪、强化原著的创造宗旨，以及二度创作的视觉传递的任务，体验书的生命之温暖。色彩的情调与传统文化的理念相交织重叠，注重民族传统色彩符号的功能、实用价值，使它在书籍艺术设计中发挥吸引视觉注意力的视觉传递作用，同时使读者心理激荡起民族性的情感。这是设计中色彩传递信息的民族化问题。设计师合理运用色彩，以色彩来表达民族心理，又以色彩来凝固民族的情感，将书籍艺术的多元文化元素进行艺术的整合。民族传统的符号色彩融入现代的书籍艺术设计，往往联系着民族的文化倾向、民族的表情、民族的心理内涵、民族的风俗习惯。设计的任务就是创新，当书籍设计师从民族传统文化艺术中汲取精华，撷取灵感，中国古文化中的艺术形式、图形的经典性本已超越时代，设计师将传统的文化精华与现代精神相结合，发挥文化传承的生命力，传承与超越的结合才能产生民族传统文化底蕴十足的创新作品。（图 6-13）

图 6-13 色彩的创新

中國皮影
piying
国粹京剧
中国有戏
2012
寒秋津衛圖
瑶族
民俗风情
桂林
古民居
大唐仕女卷诗

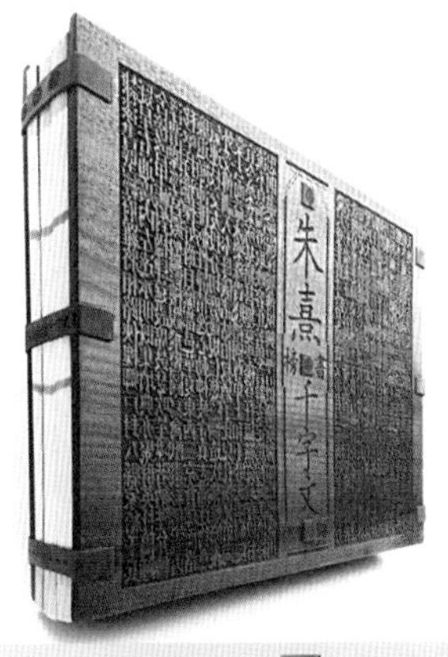
朱熹千字文

蘭亭

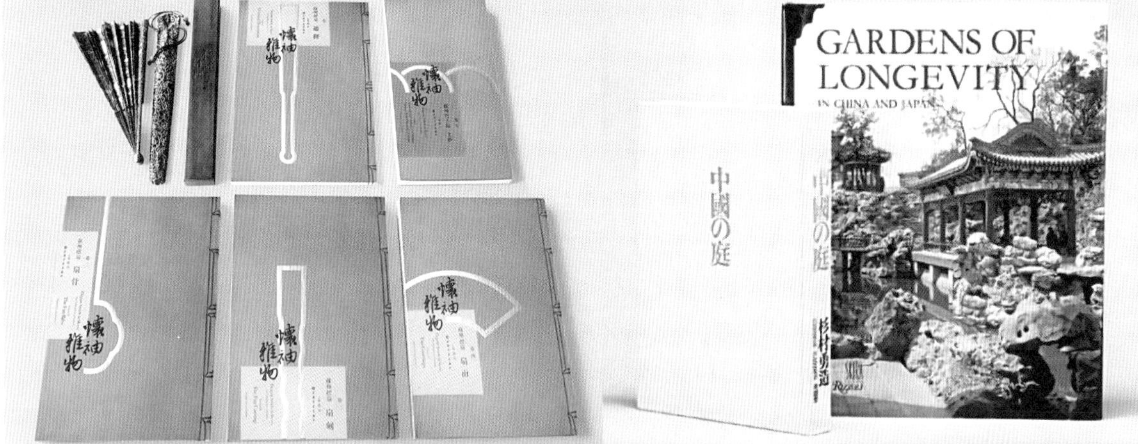
GARDENS OF
LONGEVITY
IN CHINA AND JAPAN
中國の庭
中國の庭

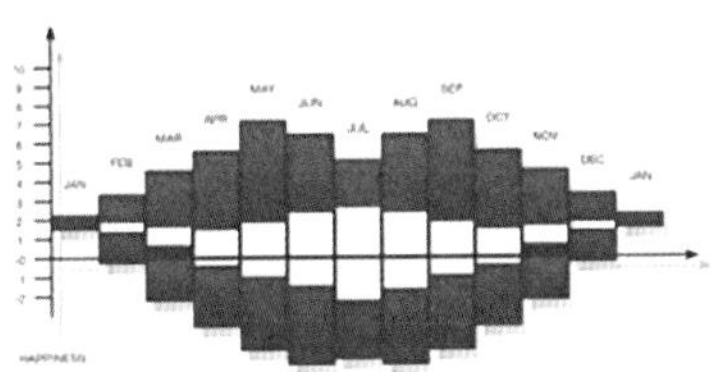
"Impressive . . . An excellent job of recounting
the collective findings of . . . this new science."
HAPPINESS
LESSONS FROM A NEW SCIENCE
RICHARD LAYARD

a Penguin Book
Wonderful
Clouds
Françoise Sagan
DESIGN

图 6-13 色彩的创新

五、民族文化艺术元素应用于藏书票设计

1. 关于藏书票

藏书票起源于 15 世纪的德国，它是一种标志性的小卡片，以艺术表现的形式，来说明书籍的归属，起着美化书籍的作用。有纪念意义的藏书票是张贴在书籍扉页，用于标识拥有者的袖珍手绘艺术作品，它呈微型小版画形式，作收藏之用。藏书票被称为版画珍珠、纸上宝石、书上蝴蝶、微型艺术、书之魂，它于 20 世纪传入中国，我国本是文明古国，书籍出版历史悠久，买书与藏书早有良好风气，文人购书喜欢加盖藏书章，以示书籍的属有及纪念。

藏书票有木刻、铜版、石版、丝网版、纸版、吹塑纸版、石刻版、砖刻版、油印版、剪纸、蜡染、绘画等类型。

藏书票长宽一般在 10 至 15 厘米，画面通常要标注拉丁文 EX LIBRIS，意为我的藏书。藏书票下方还要用铅笔写上创作者的名字、创作年代、序列号等信息。藏书票比邮票出现早，大多以贵族家徽图纹为主。藏书票逐步流传至欧洲、美洲、亚洲等地区。

著名的艺术家毕加索、高更、马蒂斯参与藏书票的创作，作家福楼拜、雨果的使用，使藏书票逐渐被世人熟知，其功能性亦从实用往艺术审美倾斜。藏书票内容丰富，形式精美。1966 年成立了正式的“国际藏书票联盟”，每两年举办一次年会，进行交流和藏书票交换，推动了国际藏书票艺术的发展。

20 世纪 30 年代西方的传教士、外交官、学者将藏书票带入中国，鲁迅、郁达夫、叶灵凤等作家文人受到吸引，叶灵凤刻印了“凤凰”藏书票，即是中国最早的文人藏书票。

2. 传统文化艺术元素应用于藏书票的创新

票主为中国人的最早藏书票，是关祖章藏书票，画面极具中国文人书斋味。书籍满架的书房内，一个头戴方巾的古代书生正在夜读，桌上展开着书卷，卷

轴置于书架，书生脚下有行李和剑，表现云帆直挂、仗剑远游的内涵。此藏书票具有浓郁的书卷香及中国古典文化的神韵。

1935 年出版的《现代版画》第 9 期即为藏书票作品专辑，版画家李桦和赖少其早年均刻过藏书票。他们功力深厚，风格简洁，刀法明快，构图简练；另外，杨可扬的作品风格粗犷、画面朴实凝重；力群的作品黑白分明。

版画家的阴、阳刻刀趣纵横，边框的装饰有浓郁的民间传统的文化意蕴，画中小鸟、菜花布局精巧，自然大气，颇具东方神韵，是藏书票中的精品。

画家白逸如，多有戏曲和年画作品，或取材于古代作品，紧扣藏书的主题，风格秀逸，线条优美，具有非常传统的年画风格。其作品中有一幅取材于古代劝君读书之格言，设计语言独特；而另一张作品是以完全的民间年画表现形式，发散着馥郁的乡土气息。

画家杨春华，也善于采用中国民间传统木版画题材，夸张表现的花鸟形象不失法度，木刻趣浓，颇具中国风格。其一幅藏书票创作，是春华秋实的喜鹊与桃树，构图饱满，色彩富丽明朗；另一作品则运用传统的线条表现中国式木结构的藏书楼，凝重浑厚。

白、杨等画家有中国传统文化的功力，又善于从民族风格的传统文化艺术中汲取设计元素，手法精湛却又纯朴地对藏书票进行了具有民族精神的艺术创新。（图 6-14）

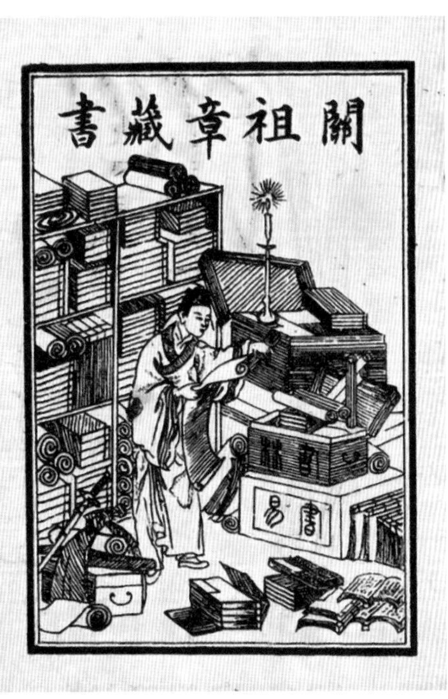

图 6-14 名家藏书票

图 6-14 名家藏书票

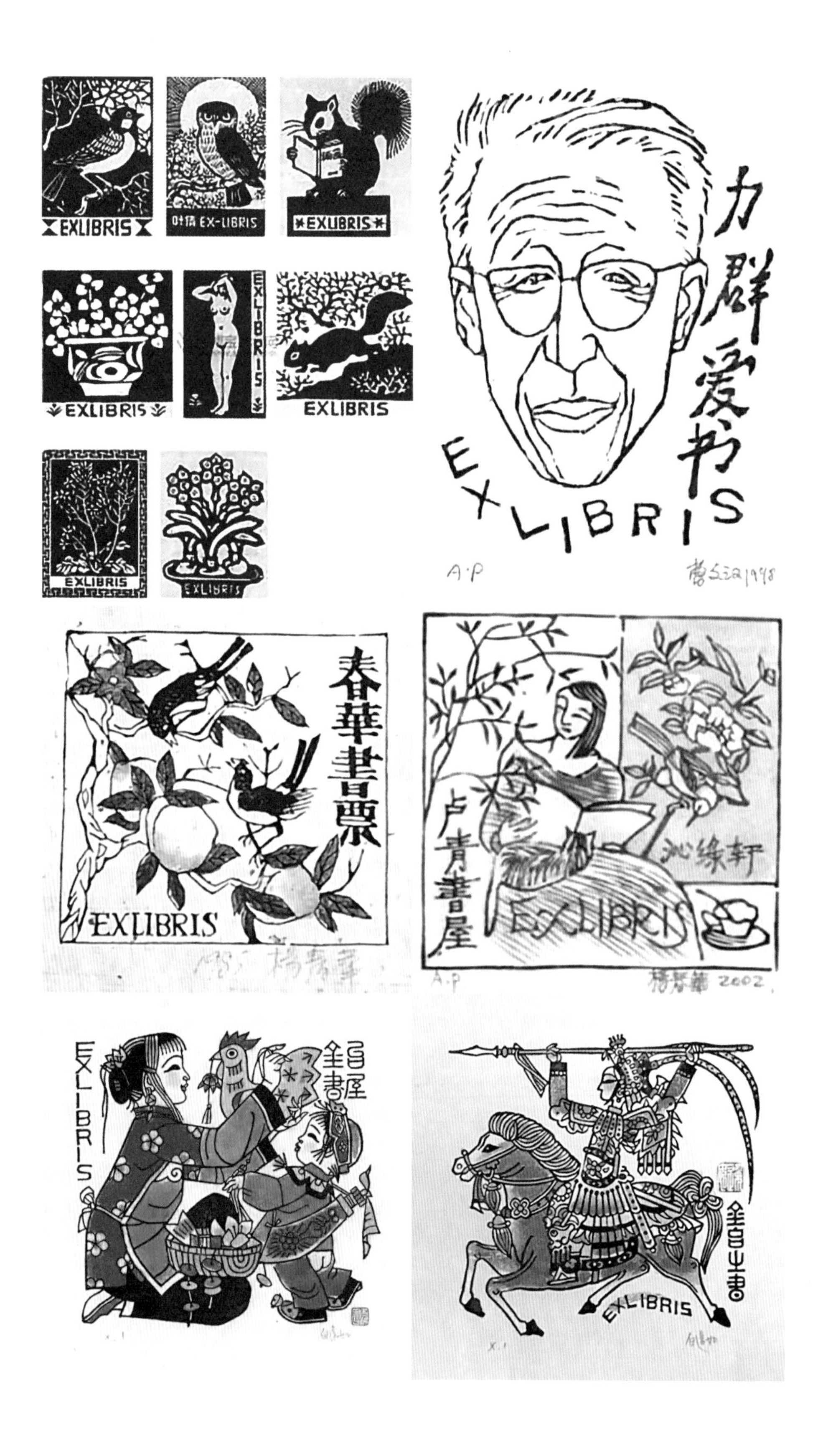
EXLIBRIS
叶倩 EX-LIBRIS
EXLIBRIS
EXLIBRIS
EXLIBRIS
EXLIBRIS
EXLIBRIS
EXLIBRIS
力群爱书
EXLIBRIS
A·P
春華書票
EXLIBRIS
卢青書屋
沁缘轩
EXLIBRIS
A·P
2002
EXLIBRIS
EXLIBRIS

六、创新书籍艺术设计的大联结

这是书籍艺术设计师对于书内外气脉相接、呼吸相通、多元相统一的全面整合。

书籍艺术设计从原著文稿直至成书，包括正式出版的全部设计过程，即是由书籍的平面化转变成立体化的过程，是设计师的艺术思维、构思创意、艺术表现方式及技术手法的整个系统的全面设计；是确定书籍的开本、艺术设计形式、封面、腰封、字体、色彩、插图、编排、纸质材料、印刷、装订、工艺各环节的设计。进行书籍的整体艺术设计，是通本的大联结。

书籍整体设计是作为书籍载体的艺术设计加上工艺设计，对原著主题的形态塑造、构成、色彩、艺术技巧等一切的思想性、技法性、技术性内容的统筹过程。对于原著的每一环节的创作构思和艺术表现的方式都是书籍外部和内部、文字传达与视觉的艺术传递及工艺兑现的系列探索的经历。设计师在原著基础上进行再创作，必须是由构筑总的大框架开始，再打造结构，从总体向局部渗透，进行局部的具体设计，将各个局部相联，再向大的架构联结，这之间必须要调整、修改，使彼此相衔接、相融、相混、相合。

1. 创意的整合

在对于书籍原著的理解和认识基础上，书籍艺术设计师进行二度创作，这就是创新。总的创意是整个艺术设计的核心，就如同 CI 设计的 MI 失去筹划创意就无 BI 和 VI 之可言。而书籍的艺术设计之创意首先要设计书籍的形态，必然会考虑艺术的表现形式。某种对于原著很有意味的形式，发挥视觉想象而又具有文化意蕴、工艺材料的优化等，由创意、策划而进行整体设计，形成方案，经具体设计、工艺制作、成书的技术实施及材料的应用，物化为立体的书籍。这一过程中，反复地从具体设计、技术实施各环节不断与整体设计创意相关照，调整局部的同时也会修正整体设计的创意。创意在与局部设计的互动过程中实现完善。

2. 创新书籍的整体设计

设计师以足够的人文学养、新颖的创意将原著的文字、图录、表格赋予创新的意图，有秩序、有层次地展示。纸质的合宜、图文载录得体，使阅读流畅，便携带、利收藏，不但反映了原著的文化价值，并能充分体现艺术设计的二度创造所提升之价值。

现代的西方设计偏于从内容中提炼诸要素，加以概括，以单纯的抽象方式表达主体，即是纯化设计。而现代东方的设计则是把从属核心内容的重要因素结合起来，将与内涵相关联的诸多元素调整复合，从而创造出“复合表现法”，它属于核心内容却不可视，经过思考联想变成可视，这是诱发导视的设计方法。西方和东方的不同设计方法均能追求设计的高境界。

设计中，调整形式的繁、简、量、形、色，就是力求准确表达书籍的内容、文化品质，增强了书籍的精神力量。

3. 平面化至立体化的联结

书籍艺术设计属于平面设计，其表面上的设计是以二元化思维方式进行设计，实际上，书籍艺术设计是在构造学范畴内完成的整体设计，书籍外部形态的构筑与内在文化信息的视觉传递的综合设计，创新思维即是立体的思维模式，初始的创意即把构成外部的设计与内在的书籍本体建立起生命性的呼吸关系。由于各个部件的优化设计，彼此相联结妥当，才能构成一本六面体的立体书，在立体的六个面上完成绝妙的视觉传递。阅读整本书需要增加时间的要素，于是就有了书籍艺术设计的思维空间，这第四维的空间是阅读时读者与书籍发生互动完成的。

4. 书籍艺术设计的整体大联结

（1）整体设计的原则

书籍正式出版必须与其他的环节相密切配合。将艺术构思与工艺生产技术项目协调配合，确定了工艺、材料、技术，使之配套互补，艺术构思时强调形式与书籍内容相统一，传播信息的功能与审美要求相统一，书籍原著内容文化内涵的高度抽象化与设计创意高度艺术化的表现形式相统一。

书籍的具体局部设计应相互关联，如封面、护封、环衬、扉页、编排等不可各自为政，应通盘考虑，整体安排。书籍的外部和内部设计能够在读者阅读时传递信息并积极渗透原著的文化精神，这需要处理好字体的视觉传递清晰度。

书籍的外部艺术表现形式与原著内容相适合，如台湾《汉声》杂志出的一本《美哉汉字》，包装书匧式，取如意云头作开合，结构合理，内容与形式相吻合。（图 6-15）

图 6-15《美哉汉字》

（2）艺术的设计原则

以不同艺术形式配合不同类型的书籍的内容。能体现书籍的类别，能反映时代精神和民族风格。

（3）实用的设计原则

应社会发展之需对名著的再设计，例如著名书籍艺术设计家陆全根取材于陶元庆为鲁迅的《彷徨》的封面设计，却大胆地对于名著原设计进行了再创造，完成了高水平的书籍艺术全面设计，使之成为精装本的精品图书，创造出新的书籍文明艺术，荣获书籍艺术设计大奖。（图 6-16）

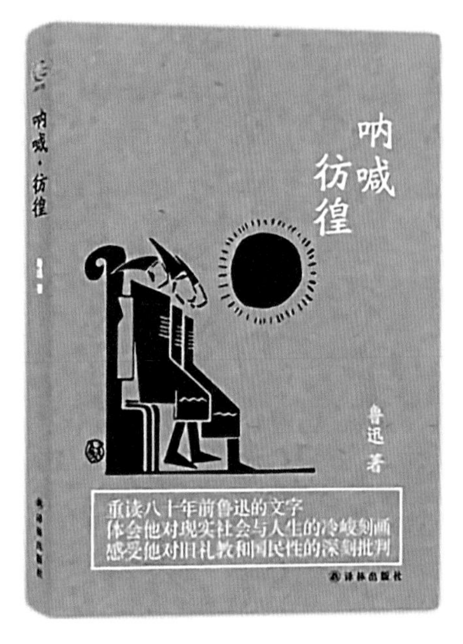

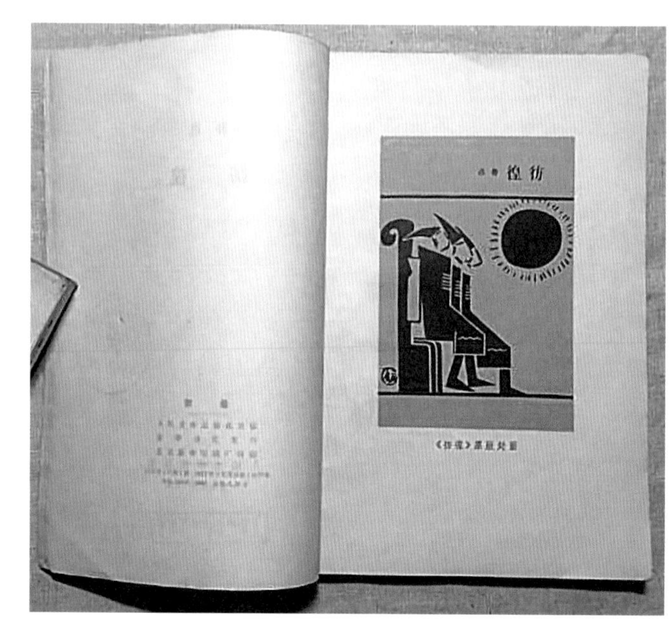

图 6-16 陶元庆为鲁迅的《彷徨》设计，陆全根以此为题材，进行重新的全面设计

七、优秀书籍艺术设计欣赏

Marco
Polo
马可波罗游记

精讲精练

创意
城市
I LOVE THE CITY
创意城市
江苏教育出版社

我國家譜設計

住培之星
——2018

A HISTORY OF MODERN DESIGN
世界现代设计史
王受之设计史论丛书

台
灣
TRAVEL
alamy stock photo

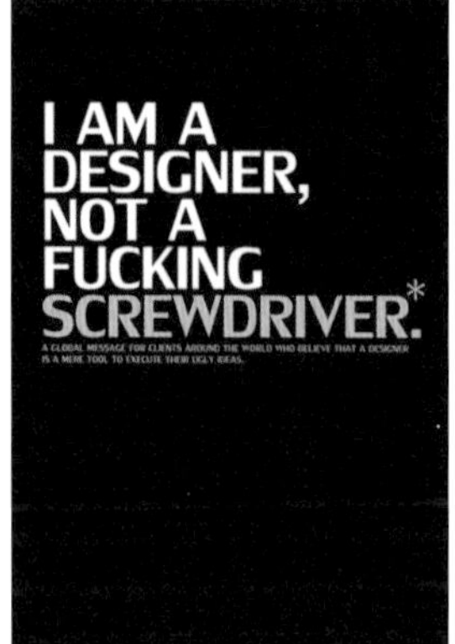
I AM A
DESIGNER,
NOT A
FUCKING
SCREWDRIVER.*

MODERN ART
Thames & Hudson

SPECULATION
Rudolf
KaBeL
KOCH
1927
1 2 3 4 5 6 7 8 9 0
abcdefghijklmnopqrstuvxywz
ABCDEFGHIJKLMNOPQRSTUVXYWZ

DESIGN CULTURE NOW
COOPER-HEWITT
NATIONAL DESIGN MUSEUM
2 EAST 91ST STREET
NEW YORK CITY
M.A.D.
GABELLINI ASSOCIATES
D.I.R.T. STUDIO
MENDEZ COMMUNICATIONS
Erik Adigard | M.A.D.
Julie Bargmann | D.I.R.T. Studio
Design Culture Now
Cooper-Hewitt, National Design Museum
2 East 91st Street
New York City
Michael Gabellini | Gabellini Associates
Rebeca Méndez | Méndez Communications
DESIGN CULTURE NOW
ERIK ADIGARD
JULIE BARGMANN
MICHAEL GABELLINI
REBECCA MÉNDEZ
MAR 10
DES IGN CUL TURE NOW
MAR 24
COOPER-HEWITT
NATIONAL DESIGN MUSEUM
APR 7
APR 21
Cooper-Hewitt, National Design Museum
2 East 91st Street New York, NY
DESIGN culture NOW
Design Culture Now
NEVADA MUSEUM OF ART
160 WEST LIBERTY STREET
RENO, NEVADA 89501
ERIK ADIGARD
JULIE BARGMANN
MICHAEL GABELLINI
REBECA MÉNDEZ
YOUR CLUB PRESENTS
Merry Christmas
PARTY
SATURDAY
24 DEC
EAT, DRINK AND BE MERRY
DJ SNOW • DJ SANTA • DJ MERRY
YOUR CLUB ADDRESS
RESERVATION: 0123456789
WWW.YOURCLUB.COM
SUN 24 DEC
eat drink AND BE Merry
CHRISTMAS PARTY
DJ SNOW • DJ SANTA • DJ MERRY
DOOR OPEN AT 9 PM / $10 ENTRY / 2 WELCOME DRINKS
YOUR CLUB PRESENTS
Christmas
PARTY
SATURDAY
24 DEC
DJ SNOW • DJ SANTA • DJ MERRY
YOUR CLUB ADDRESS
RESERVATION: 0123456789
WWW.YOURCLUB.COM

CHRISTMAS EVENT
23.10.2016
KEN ADAMS
JOHN SMITH
LAURA LYMA
AT CITY CONCERT HALL
TICKET 5$
STARTS AT 9 PM
More info
www.webpage.com
Effekt und Affekt. Architektur und das Digital-Erhabene
Effect and Affect. Architecture and The Digital Sublime
MOONLIGHT BREAKFAST
WEDNESDAY MAY 11TH
10PM until MIDNIGHT in the RES CAF
COME GET FREE BREAKFAST
Finals are here... take a study break! Free breakfast for all UMD students!
Faculty & staff will be serving the food and congratulating you on a job well done this semester!
LIVE DJ!
PRIZES AND GIVEAWAYS
UMass Dartmouth
MoMA 2012
BAUHAUS
CREATIVE Lettering AND BEYOND
INSPIRING TIPS, techniques & ideas FOR HAND LETTERING YOUR WAY to beautiful works of art
STAATLICHES BAUHAUS
AUSSTELLUNG
JULI SEPT
WEIMAR

HOW MUCH DOES YOUR BUILDING WEIGH, MR. FOSTER?
DIRECTED BY NORBERTO LOPEZ AMADO & CARLOS CARCAS
york castle museum
castle area
york yo1 9ry
august 15th–27th 2008
open daily 10:00–16:00
admission free
01 urban
02 typography
urban typography is an exhibition of work by students on the first year of the BA (hons) graphic design course at york college
THE MANDATE IS TO EDUCATE PEOPLE AND MOTIVATE THEM TO RAISE MONEY.
AVOID WORDS LIKE
RAISE
MONEY.
Eat
DRINK
& CARVE
OCTOBER 22th
BEGINS 7:30PM
BRING YOUR OWN PUMPKIN
PRIZE FOR BEST PUMPKIN
HOSTED BY DAN & JOAN @ 101 EAST MAIN ST. OAKS PA
Stockholm 67

THE BRAVE NEW WORLD
TRUTH
HAPPINESS
WE'VE GONE ON CONTROLLING EVER SINCE.
But it's been very good for
CHAPTER
16
I bought this mauve coloured t-shirt
which I think will go
great with MY BLACK jeans and the
BLUE ear RINGS THAT MY AUNT
sent FROM LONDON AND you know
WHAT, I WAS THINKING
of WEARING it on Ronnie's
birthday party THIS weeKEND.
DO YOU THINK
I Should wear MY
GREEN pullover
TOO?
PS2
PlayStation 2
BECAUSE YOUR GIRLFRIEND BORES YOU SHITLESS
2017
RAINBOW WORLD
International Bill of Human Rights
21.11
2019
YOUR PLACE STREET ART FESTIVAL
FESTIVAL
STREET ART
YOUR PLACE
DESIGN company
FESTIVAL
17-21
2019
iStock by Getty Images
8 / 14 / 2010
THE FUTURE OF LAW ENFORCEMENT
ROBOCOP
RUSSELL INDUSTRIAL COMPLEX, DETROIT, MI
RESTRICTED
Awesome Typographic Design examples
06
Dan Brown Jan 04
Sylvia Warsh Mar 23
Linda Fairstein Apr 17
James Patterson Jun 30
PD James Oct 08
John le Carré Nov 26
Uncovering the Secrets of the Mystery Writer
HIDDEN TRUTH
www.hiddentruth.org
206.621.2230

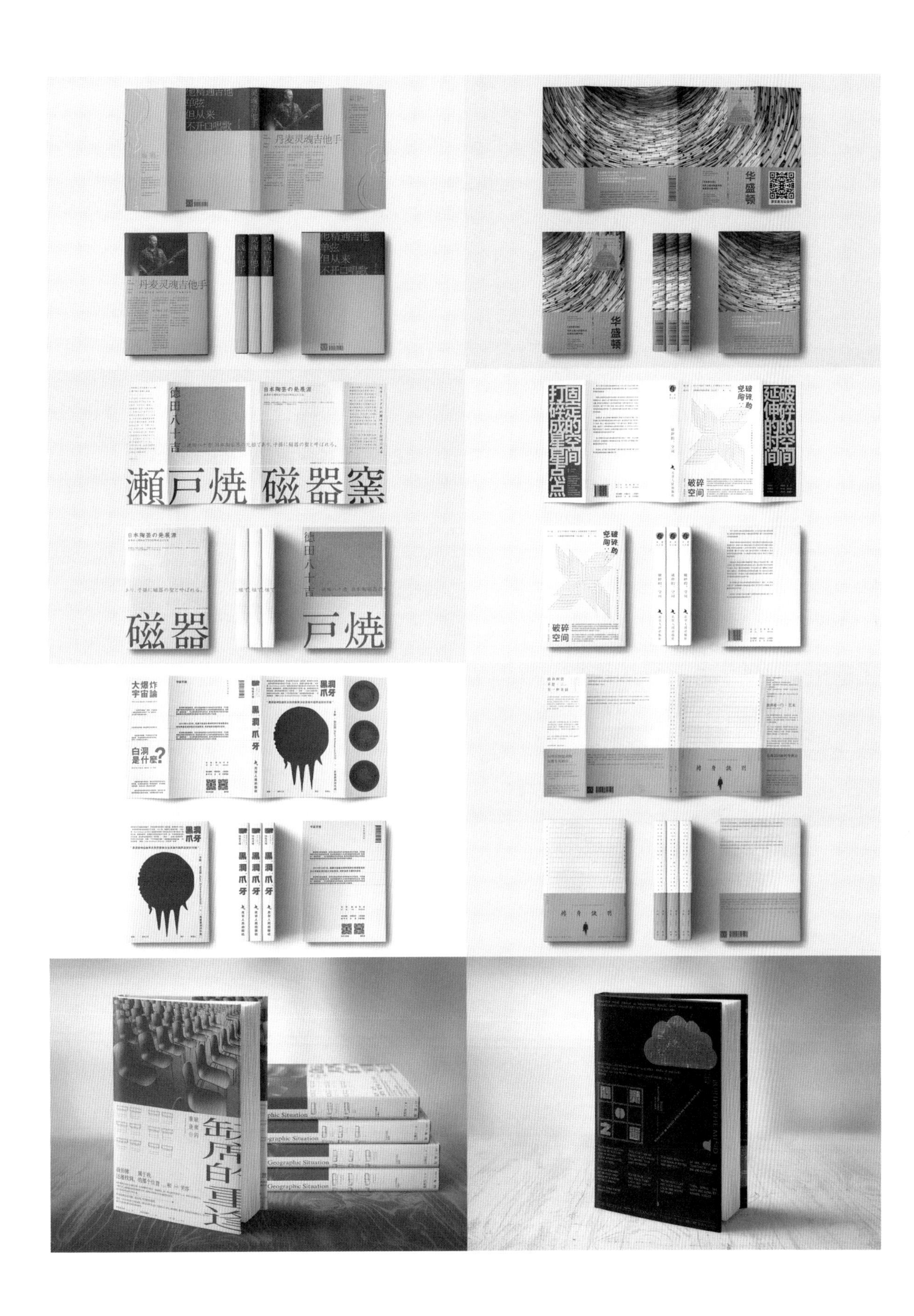

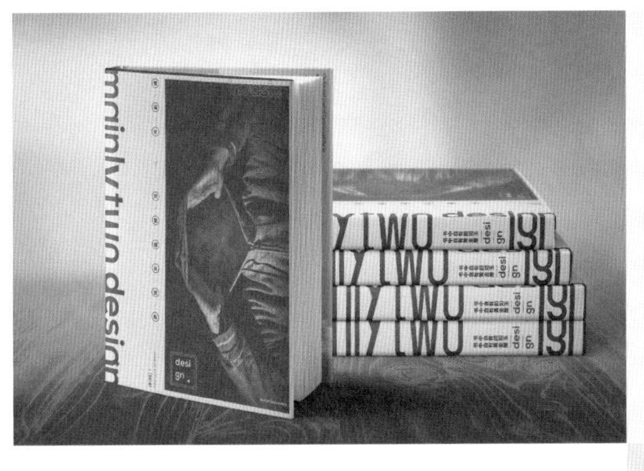

王羲之
评传

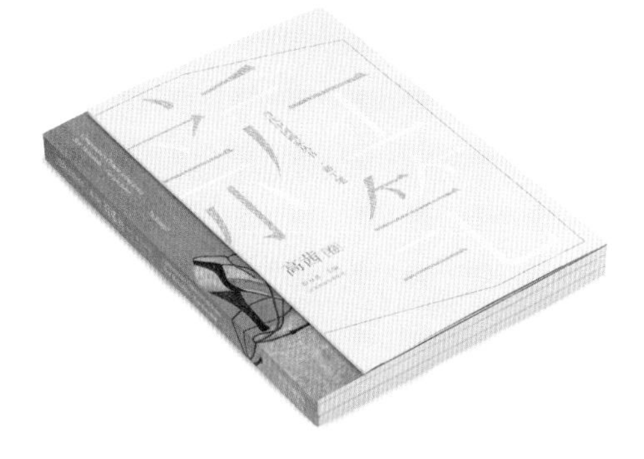

孔子以及
孔子 所创造的 世界
CONFUCIUS
AND THE WORLD HE CREATED

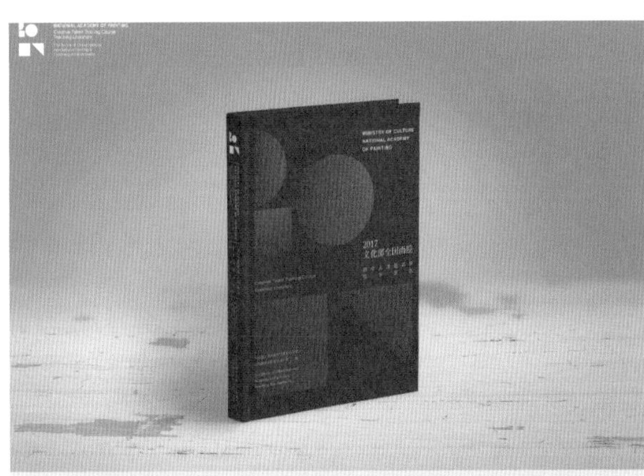
MINISTRY OF CULTURE
NATIONAL ACADEMY
OF PAINTING
2017
文化部全国画院

抗日戰爭時期
掙脫束縛
揭開塵封已久的
真相
這是一件發生在本世紀《抗日戰爭時期》的悲壯故事。
1942 to 1991 times.

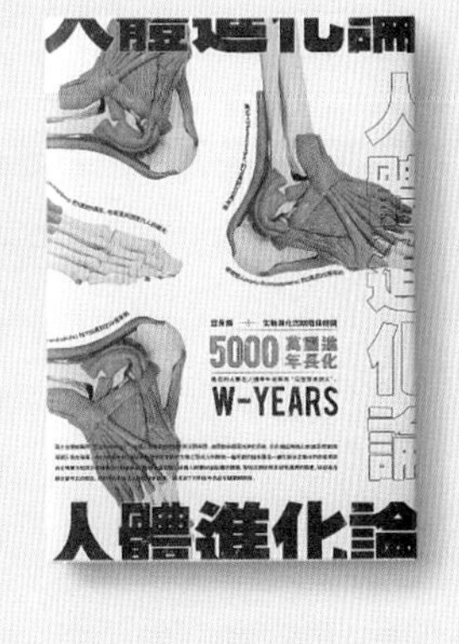
W-YEARS
人體進化論

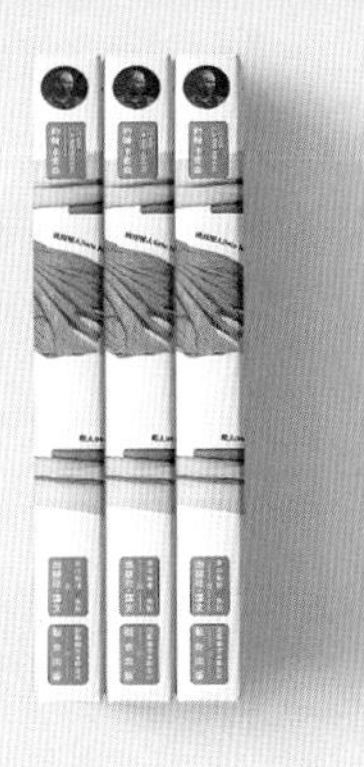

笔间下的
油墨世界

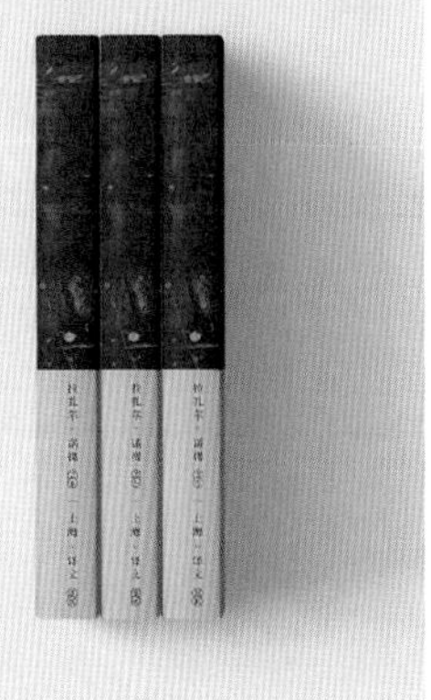

酒尾俱全
末日乐园
1 极温地狱
WORLD'S END PARADISE
100
城市与群星
阿瑟 C 克拉克
100
100
月海沉船
阿瑟 C 克拉克
WELCOME TO
NEWYORK
天堂的喷泉
阿瑟 C 克拉克
酒尾俱全
末日乐园
WORLD'S END PARADISE

THE DINNER
HERMAN KOCH
命运晚餐
HET DINER

THE DINNER
HERMAN KOCH
当命运与伪善的博弈，
发生在一张小小的餐桌上
命运晚餐
HET DINER

再孤单的人也有同类

再孤单的人也有同类

きっと誰かが祈ってる
一定有人
在祈祷着
山田宗树

きっと誰かが祈ってる
一定有人
在祈祷着
山田宗树

从月亮
来的男孩
Ingenious Pain

从月亮
来的男孩
INGENIOUS PAIN

恋恋风尘
侯孝贤
谈电影

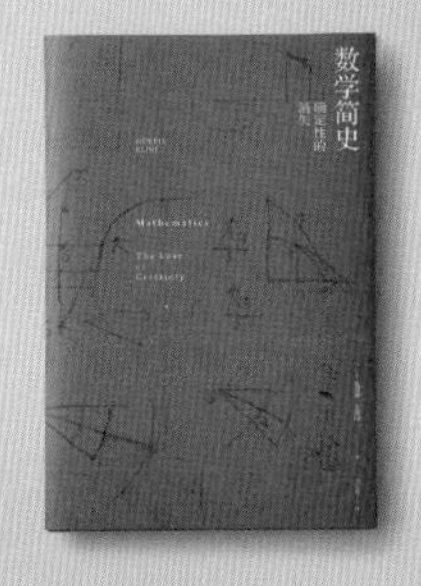
数学简史
确定性的消失

数学简史
确定性的消失

WORLD HISTORY of TASTE
味的世界史
日本人气作家宫崎正胜力作
从味道里发现大历史

味的世界史

GIACOMO MAZZARIOL
追恐龙的男孩

GIACOMO MAZZARIOL
追恐龙的男孩

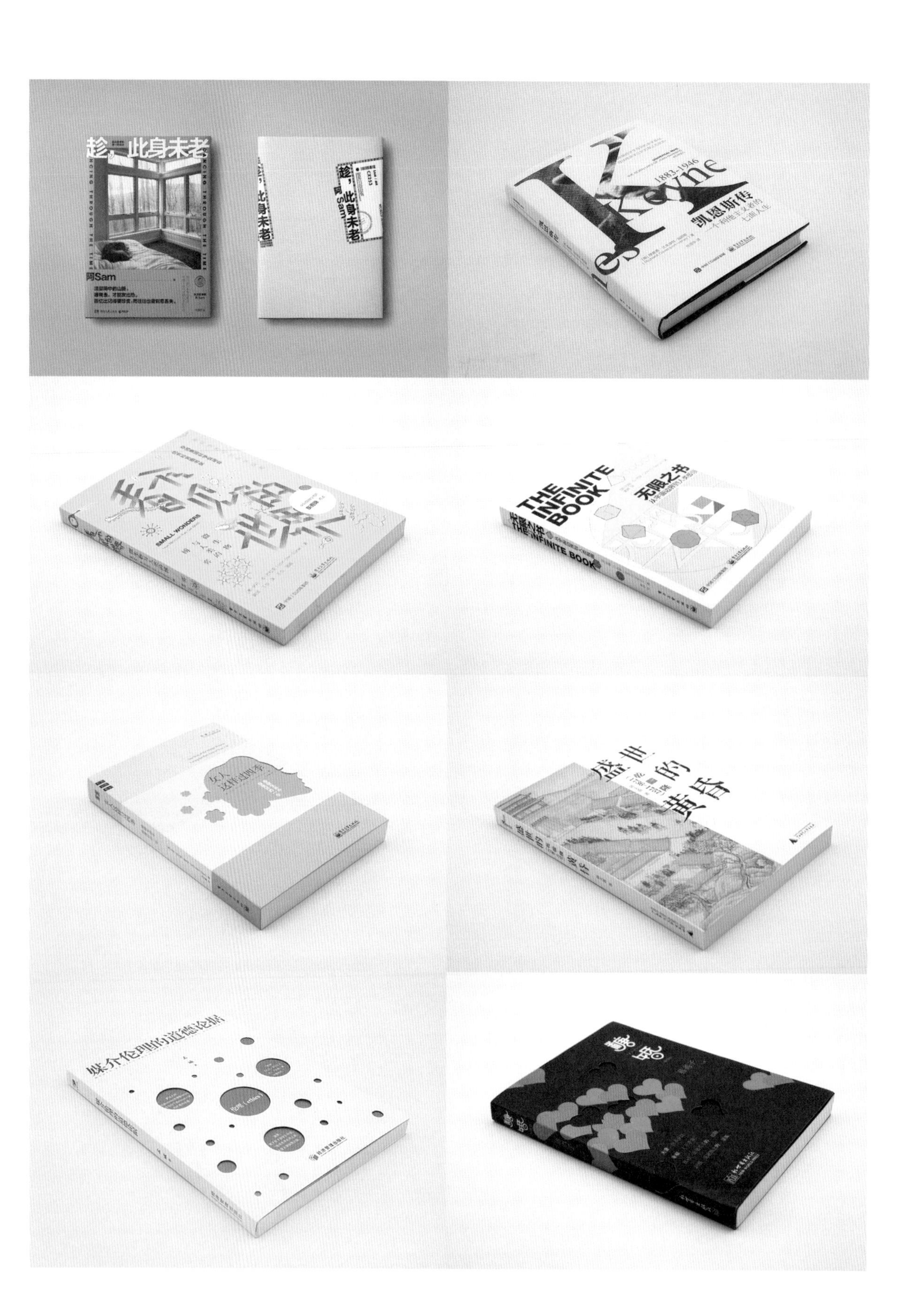

趁，此身未老
阿Sam
凯恩斯传
1883-1946
THE INFINITE BOOK
无限之书
SMALL WONDERS
盛世的黄昏
媒介伦理的道德论据

和平
静好
Harmony Between Peace and Vision
科技改变
执行力是关键
公务员必读的
法律常识
我要我們
一直愛下去
牛津腔
是你
捡到了我
的
小心心吗
情多
万千
千
晚星
历史的
第
Third
pronunciations
of history
读
法种
悠悠南
风起
弦

参考文献

吕敬人著:《当代中国书籍设计》，清华大学出版社 2004 年。

李爱红著:《书籍装帧》，浙江摄影出版社 2007 年。

李淑琴著:《书籍设计》，中国青年出版社 2009 年。

（美）马克·常逸梓著，王林译，《视觉大革命——颠覆人类观念的视觉大发现》，金城出版社 2009 年。

（日）田中一光著，朱锷译，《IKKO TANAKA》，广西师范大学出版社 2009 年。

（英）罗伯特·克雷著，尹弢译，《设计之美》，山东画报出版社 2010 年。

权英卓、王迟著，《互动艺术影视听》，中国轻工业出版社 2007 年。

简承渊、吴菲菲、杨新烨、张恒主持《美意世纪大讲堂》（凤凰卫视“友谊凤凰”丛书），中国友谊出版公司 2008 年。

张道一著，《道一论艺》，苏州大学出版社 2008 年。

张道一著，《张道一论民艺》，山东美术出版社 2008 年。

张道一著，《张道一选集》，东南大学出版社 2009 年。

陆苇·袁观著，《色彩构成与设计》，人民日报出版社 2012 年。

（美）潘诺夫斯基著，傅志强译，《视觉艺术的含义》，辽宁人民出版社 xx 年。

（英）E.H 贡布里希著，杨思梁、徐一维译，《秩序感》，xx 出版社 1987 年。

（美）鲁道夫·阿恩海姆著，《艺术与视知觉》，中国社会出版社科学 1984 年。

（英）马克·维根著，孙楠、张伟译，《视觉思维》，大连理工大学出版社 2007 年。

后记

幼年时曾为儿童故事书兴奋不已，还缠住父母讲解。时值少年，常站在新华书店免费阅览，排队抢占图书馆座位总能阅读半日。多年之后，梦里依稀留有丰子恺的漫画之笔韵……

转眼就为人母，翻看女儿陆澜小学二年级作文《童年的伙伴》，她写道："我的父母工作在两地，妈妈上班就把我锁在屋内，画画书成了我的伙伴，就常和书中的动物对话。我趴在窗前把南飞的大雁当成鸽子，对它说，鸽子姐快告诉姥姥，我想她！"

当我们全家四口人生活到一处，每日读书，分批占领书桌。空间略微宽松时，大人忙于写书，陆澜和袁观迷恋上幾米的书，还沉醉于民间美术画册。陆澜的画获亚洲竞赛大奖，应邀赴日出席秋叶节。接着是袁观的剪纸作品在奥地利国家历史艺术博物馆备受青睐，两幅彩墨绘画在瑞典巡展两年，成为最受欢迎的作品，被称为"中国的夏加尔"。

书籍在文化领域中，具有文化基因的传播能力，读书则是对智慧的追求。书籍艺术设计是对原著的再创造，我在这二度创作中充分享受了精致的书卷艺术之美。幼时对家中收藏的 19 世纪王尔德著的《快乐王子集》，其精美的插图、装帧让我十分陶醉。大学时有幸阅读了吴达志先生从各兄弟高校借来的珍本书籍，还特别幸运地向沈从文先生借阅过《虎皮骑士》，那些史诗式的经典插图真使人难以忘怀。

终身感谢中央工艺美院图书馆李枫馆长，他素养极高，为师生张榜列出中外系列名著，为便于阅读而实行图书开架。

曾在大学一年级访问过现代艺术大师、大美术的倡导者 —— 张光宇先生，他的艺术杰作令我崇拜。丁绍光学长作为传承者，其艺术在后现代艺术场景下大有作为。

20世纪70年代，与张道一兄接触较多，获赐多本其创作并设计的个人专著。

本人虽然教授《书籍艺术设计》多年，但吕敬人先生的教学思想，令我敬佩，引发我的思考。在教学过程中努力思考着相关问题，试着将书籍艺术设计与设计心理学、互动艺术、概念设计等交融。师生间擦出火花，青年学生的创新智慧激发了我探索的决心，抱着努力学习的态度来完成这本书。

在一系列的案头工作之后，由唐勇老师进行图文编排，全面整合，复核、配合校正；袁观辅助编写、调整大量图文。感谢吴光跃老师及王佳、郧玉文、逯一凡等青年朋友的帮助。

对于丁绍光学长的鼎力相助及本书责编、上海文化出版社审读室主任吴志刚先生及美编王伟先生的辛勤付出表示衷心感谢！

特别感谢张世彦教授的赐教！

陆苇

2022年1月1日

图书在版编目（CIP）数据

BOOK DESIGN创新 / 陆苇，唐勇，袁观著. -- 上海 ：
上海文化出版社，2022.7
ISBN 978-7-5535-2530-3

Ⅰ. ①B… Ⅱ. ①陆… ②唐… ③袁… Ⅲ. ①书籍装
帧－设计 Ⅳ. ①TS881

中国版本图书馆CIP数据核字(2022)第094925号

出 版 人 姜逸青

责任编辑 吴志刚

装帧设计 王　伟

书　　名 BOOK DESIGN创新

著　　者 陆 苇　唐 勇　袁 观

出　　版 上海世纪出版集团　上海文化出版社

地　　址 上海市闵行区号景路159弄A座3楼　201101

发　　行 上海文艺出版社发行中心

上海市闵行区号景路159弄A座2楼206室　www.ewen.co

印　　刷 浙江经纬印业股份有限公司

开　　本 787×1092　1/16

印　　张 15.25

版　　次 2022年7月第一版 2022年7月第一次印刷

书　　号 ISBN978-7-5535-2530-3/J.571

定　　价 98.00元